基于计算机技术整体解决整数环上多项式可约性问题的方法研究

华创立　蒋忠樟　著

西北工业大学出版社

西安

【内容简介】 本书首先系统介绍了通过构造一个与整数环上的多项式空间 $Z[x]$ 同构的空间 $Q[r]$,利用 $Q[r]$ 内向量的规律进行分类,对整数环上多项式的可约性进行整体研究的数学方法,在理论上实现一次性地将整数环上的多项式分别按可约和不可约进行分类,并按一定规律排序,然后通过计算机技术编程计算实现可约多项式(同时提供每个多项式的因式)和不可约多项式查询表的机器生成。

本书对整数环上多项式可约性判别以及研究构造符合要求的不可约多项式,不仅具有十分重要的理论意义,也具有重要的应用价值。本书中的"不可约多项式表制作"及用于查找所需分数的"求解分数"两个程序(可在西北工业大学出版社网站免费下载),可为广大的数学教育工作者、工程技术人员和研究人员提供一个十分方便有效的数学实用工具。

图书在版编目(CIP)数据

基于计算机技术整体解决整数环上多项式可约性问题的方法研究/华创立,蒋忠樟著. —西安:西北工业大学出版社,2019.6

ISBN 978 - 7 - 5612 - 6506 - 2

Ⅰ.①基… Ⅱ.①华… ②蒋… Ⅲ.①整环-多项式-研究 Ⅳ.①O153.3 ②O174.14

中国版本图书馆 CIP 数据核字(2019)第 125252 号

JIYU JISUANJI JISHU ZHENGTI JIEJUE ZHENGSHUHUAN SHANG
DUOXIANGSHI KEYUEXING WENTI DE FANGFA YANJIU

基于计算机技术整体解决整数环上多项式可约性问题的方法研究

责任编辑:张　友	**策划编辑:**华一瑾	
责任校对:王　尧	**装帧设计:**李　飞	

出版发行: 西北工业大学出版社

通信地址: 西安市友谊西路 127 号　　　邮编:710072

电　　话: (029)88491757,88493844

网　　址: www.nwpup.com

印 刷 者: 陕西向阳印务有限公司

开　　本: 787 mm×1 092 mm　　　1/16

印　　张: 7.875

字　　数: 206 千字

版　　次: 2019 年 6 月第 1 版　　　2019 年 6 月第 1 次印刷

定　　价: 36.00 元

作 者 简 介

华创立,副教授,浙江广厦建设职业技术学院教师,2003年本科毕业于空军工程大学计算机科学与技术专业,2011年工程硕士毕业于浙江大学,长期从事计算专业教学与技术研究工作,独立主编计算机基础教材一本,先后发表计算机类专业论文10余篇,开发计算机软件7项,并已进行计算机软件著作权备案登记。

蒋忠樟,教授,1980年毕业于浙江师范学院数学专业,长期从事大学数学教育和学校管理工作,先后发表数学专业论文20余篇和教育管理研究论文10余篇,出版数学研究专著1本,获浙江省高等学校科技成果二、三等奖各一项。

前　言

整数环上的多项式及对应的函数在工程数学与通信编码等领域都有着广泛的应用,也是数学教育研究的重要内容。对整数环上多项式可约性判别以及研究构造符合要求的不可约多项式,不仅具有十分重要的理论意义,也具有重要的应用价值,而且研究工作具有一定的难度。Kronecker给出了对单个多项式可约性判别的具体方法,对于一般多项式,由于计算量过大,Kronecker方法在完全人工实现的情况下几乎没有实际意义。随着计算机技术的发展,笔者在20世纪90年代介绍了它的计算机实现方法。

对整数环上的所有多项式,本书首先系统介绍通过构造一个与整数环上的多项式空间 $Z[x]$ 同构的有理数空间 $Q[r]$,利用 $Q[r]$ 内向量的规律进行分类,对整数环上多项式的可约性进行整体研究的数学方法,在理论上实现一次性地将整数环上的多项式分别按可约和不可约进行分类,并按一定规律排序,然后通过计算机技术编程计算实现可约多项式(同时提供每个多项式的因式)和不可约多项式查询表的机器生成。

本书的研究成果不仅将为广大的数学教育工作者、工程技术和研究人员提供一个十分方便有效的数学实用工具,而且在研究过程中所取得的有关多项式基础理论研究方面的数学方法和实践成果,将在多项式的其他研究和应用领域得到运用。

笔者长期从事代数和计算机教学与研究,在代数和计算机理论研究方面已经取得了较多成果,本书是代数应用工具化方面研究的部分成果。

本书获得浙江广厦建设职业技术学院学术专著出版立项,也得到了学院各级领导的大力支持,在此表示感谢。在撰写本书的过程中,曾参考了一些相关文献,在此向其作者一并致谢。

限于水平,疏漏之处在所难免,恳请广大读者批评指正。

作　者

2018 年 12 月

目　　录

第一章 绪 论

1.1 整系数多项式可约性问题研究的概况

整系数多项式可约性研究从大的范畴来看是代数系统中的向量分解问题,在一个代数系统中,向量乘法逆运算的可行性判断与实施具体到多项式环上即为可约性问题。可约性问题从初等教育阶段对整系数多项式用判别式 $\Delta = b^2 - 4ac$ 的符号判断是否可约,用公式法、待定系数法、换元法、添项法和拆项法等进行因式分解,到代数结构理论的向量运算的定义,分解理论的研究,在理论上可以说已经得到圆满解决。在代数学中讨论了一个整系数多项式分解为不能再分解成一些因式的乘积的理论,即为可约性理论,作出了多项式在数域上的可约和不可约的确切定义,明确多项式分解成不可约因式乘积的分解式是唯一的。在代数学中多项式的可约性理论是完备的,但是,对具体方法的研究,尽管无数数学家历经了上千年的努力,其结果仍是有限的。普遍可行的具体的分解方法在复数域和实数域上由根的理论说明是没有的,整系数多项式在有理数域上是否可约的判断和具体分解的方法在理论上都已经解决,Eisenstein判断法可以解决部分多项式的问题,而 Kronecker 方法具有普遍意义。

Kronecker 曾给出一个通过有限次计算判断任一整系数多项式能否分解成次数较低的整系数多项式的乘积的方法,也就是说对于整系数多项式

$$f(x) = a_n x^n + a_{n-1} x^{n-1} + \cdots + a_1 x + a_0$$

在有理数域上总可以经有限步分解成不可约因式的乘积。查阅各种经典的数学文献可以发现,对整系数多项式进行因式分解的实际操作往往不采用 Kronecker 方法,原因是用 Kronecker 方法进行因式分解工作量非常大,传统的数学工具和手段几乎不可能解决实际的可约性问题,所以往往一般的数学著作很少介绍这一方法。Kronecker 方法仅仅是一种理论上可行的方法,难以用在因式分解的实际操作中,缺乏实用性。

多项式理论在数学的整个结构体系中占有十分重要的地位,它是代数知识体系的基础内容,也是数学学习的重要基础知识。整系数多项式更是工程研究中应用最为广泛的数学应用工具之一,在近似计算上利用多项式进行逼近的办法应用十分广泛,工程上利用多项式进行模拟或通过众多以多项式为对象的方程构成的方程组的近似解来进行研究也应用得十分普遍。但是,相应的多项式必须是"最小"的,即必须是不可约的,从理论上讲,多项式可约性的判断是进行多项式模拟和逼近的前提,工程和计算的意义深远。

随着科学技术的发展,传统的数学问题用现代的技术进行研究和解决是数学发展的重要标志,以吴文俊院士为代表的现代数学工作者在机器证明等领域取得了世界瞩目的成绩。由于现代计算机技术的发展,诸如 Kronecker 方法的实现已经是十分容易的事情。中国古代数学研究的中心问题是对问题的求解,它不是从数学本身去研究数学,而是将需要解决的问题进行分类,把类似的或相同的问题归为一类,然后对每一类问题找出相应的求解方法。用固定的步骤去解一类问题,这就是机械化数学的基本思想。本书研究的问题正是基于传统数学问题

用现代的计算机工具解决的思想,为广大数学教育工作者和数学应用工作者提供一个操作简便、实用可行的数学工具。

综合上述讨论,应该说在整系数多项式这一个无限的集合中,理论上具体对某一个多项式来说可以利用 Kronecker 方法判断其可约性和进行具体的分解,但是由于 Kronecker 方法几乎不具有实用价值,因而寻找更加有效的方法和手段,尤其是利用现代化的工具解决传统的数学问题成为众多研究工作者的不懈追求。

1.2 整系数多项式可约性问题研究的思路及方法

整系数多项式的因式分解问题是基础数学中最基本的研究内容之一,但是,由于不存在一种简单易行的分解方法,所以对于任意一个整系数多项式的可约性判定及分解方法的寻找普遍存在困难。假如能像整数一样可以将全部整数按可约和不可约分成两类,且逐一按序列出全部不可约的整数,即列出质数表(见表 1.1),那么对某个多项式的可约性研究就可以不用去通过可约性判定和分解方法的寻找来解决其不可约的问题,而是直接从表中查寻就可以方便地得到答案。这不仅仅为解决某一个多项式的可约性提供了一种新的手段,而且在理论上和方法上具有普遍意义。这一问题的解决对基础数学教学手段的提高和工程数学的应用都是有实际意义的。

表 1.1 10 段质数表

S_i 段: $36 \times 2i$ 个自然数	质　数
S_1 段:(1～72) 36×2 个自然数	2 3 5 7 11 13 17 19 23 29 31 37 41 43 47 53 59 61 67 71
S_2 段:(73～216) 36×4 个自然数	73 79 83 89 97 101 103 107 109 113 127 131 137 139 149 151 157 163 167 173 179 181 191 193 197 199 211
S_3 段:(217～432) 36×6 个自然数	223 227 229 233 239 241 251 257 263 269 271 277 281 283 293 307 311 313 317 331 337 347 349 353 359 367 373 379 383 389 397 401 409 419 421 431
S_4 段:(433～720) 36×8 个自然数	433 439 443 449 457 461 463 467 479 487 491 499 503 509 521 523 541 547 557 563 569 571 577 587 593 599 601 607 613 617 619 631 641 643 647 653 659 661 673 677 683 691 701 709 719
S_5 段:(721～1080) 36×10 个自然数	727 733 739 743 751 757 761 769 773 787 797 809 811 821 823 827 829 839 853 857 859 863 877 881 883 887 907 911 919 929 937 941 947 953 967 971 977 983 991 997 1009 1013 1019 1021 1031 1033 1039 1049 1051 1061 1063 1069

续 表

S_i段: 36×2i 个自然数	质 数
S_6段:(1081～1512) 36×12 个自然数	1087 1091 1093 1097 1103 1109 1117 1123 1129 1151 1153 1163 1171 1181 1187 1193 1201 1213 1217 1223 1229 1231 1237 1249 1259 1277 1279 1283 1289 1291 1297 1301 1303 1307 1319 1321 1327 1361 1367 1373 1381 1399 1409 1423 1427 1429 1433 1439 1447 1451 1453 1459 1471 1481 1483 1487 1489 1493 1499 1511
S_7段:(1513～2016) 36×14 个自然数	1523 1531 1543 1549 1553 1559 1567 1571 1579 1583 1597 1601 1607 1609 1613 1619 1621 1627 1637 1657 1663 1667 1669 1693 1697 1699 1709 1721 1723 1733 1741 1747 1753 1759 1777 1783 1787 1789 1801 1811 1823 1831 1847 1861 1867 1871 1873 1877 1879 1889 1901 1907 1913 1931 1933 1949 1951 1973 1979 1987 1993 1997 1999 2003 2011
S_8段:(2017～2592) 36×16 个自然数	2017 2027 2029 2039 2053 2063 2069 2081 2083 2087 2089 2099 2111 2113 2129 2131 2137 2141 2143 2153 2161 2179 2203 2207 2213 2221 2237 2239 2243 2251 2267 2269 2273 2281 2287 2293 2297 2309 2311 2333 2339 2341 2347 2351 2357 2371 2377 2381 2383 2389 2393 2399 2411 2417 2423 2437 2441 2447 2459 2467 2473 2477 2503 2521 2531 2539 2543 2549 2551 2557 2579 2591
S_9段:(2593～3240) 36×18 个自然数	2593 2609 2617 2621 2633 2647 2657 2659 2663 2671 2677 2683 2687 2689 2693 2699 2707 2711 2713 2719 2729 2731 2741 2749 2753 2767 2777 2789 2791 2797 2801 2803 2819 2833 2837 2843 2851 2857 2861 2879 2887 2897 2903 2909 2917 2927 2939 2953 2957 2963 2969 2971 2999 3001 3011 3019 3023 3037 3041 3049 3061 3067 3079 3083 3089 3109 3119 3121 3137 3163 3167 3169 3181 3187 3191 3203 3209 3217 3221 3229

续 表

S_i 段： $36 \times 2i$ 个自然数	质　数
S_{10} 段：(3241～3960) 36×20 个自然数	3251 3253 3257 3259 3271 3299 3301 3307 3313 3319 3323 3329 3331 3343 3347 3359 3361 3371 3373 3389 3391 3407 3413 3433 3449 3457 3461 3463 3467 3469 3491 3499 3511 3517 3527 3529 3533 3539 3541 3547 3557 3559 3571 3581 3583 3593 3607 3613 3617 3623 3631 3637 3643 3659 3671 3673 3677 3691 3697 3701 3709 3719 3727 3733 3739 3761 3767 3769 3779 3793 3797 3803 3821 3823 3833 3847 3851 3853 3863 3877 3881 3889 3907 3911 3917 3919 3923 3929 3931 3943 3947

1.2.1　整系数多项式可约性问题研究的基本思想

Kronecker 方法具有很高的理论价值，而实用价值却很小，主要原因是这个方法的计算量很大且烦琐，笔者在此之前通过编译程序，把 Kronecker 方法程序化，将整系数多项式

$$f(x) = a_n x^n + a_{n-1} x^{n-1} + \cdots + a_1 x + a_0$$

在有理数域上可约性的判断和分解问题通过机器实现。这对一个多项式来说是有意义的。但是作为数学教育工作者或工程技术人员来说最好是提供一个对任意一个整系数多项式不用借助于现代工具，而是用一个表格清单式的手册可进行直接查询和判断的方法。本书研究工作的主要目标就是要制作一个不可约整系数多项式表。需要解决以下三方面的主要问题：

（1）整系数多项式的排序问题；

（2）多项式可约性的判断问题；

（3）计算机实现问题。

研究的主要难点是整系数多项式的排序和不可约判定问题。问题解决的思路是利用有理数集的可数性将有理数的可数原则对应到整系数多项式集合上，使全体整系数多项式实现有序排列，从而为有序输出提供可能。将多项式可约性的判断问题放在有理数集合上进行，实际上是对序列中的有理数采用逐个判断的办法将有理数序列中的每一个有理数进行与之前经确认留下的有理数逐个进行二倍式关系的判断来决定其去留，最后实现将全部不可约整系数多项式有序输出，成为不可约整系数多项式表。这些思想和目标的实现通过对各流程进行模块化处理，最终根据计算机的运算能力和使用者的需要提供可直接查询的不可约整系数多项式表。

1.2.2　整系数多项式可约性问题研究的主要目标和方法

根据前述，研究目标是能够构造一个不可约整系数多项式表，供教学研究工作者和工程技术人员据表查询对某一个多项式的可约性作出判断，或者无须构造直接从表中选用不可约多

项式。要实现这个目标需要解决以下问题。

1. 整系数多项式的排序问题

整系数多项式是一个无穷集合,研究的最后成果以某种表的方式提供,需要按照一定的顺序处理,按何种方式排序以利于进行研究是关键问题之一。考虑到有理数的可数性,本书采用了借助于真分数的可排有序条件,将整系数多项式的研究转化到真分数上进行。因此,在模块处理上要解决根据自动产生的整数顺序形成分数的一种排序,同时,模块中将对分数是否为真分数作出判断。

2. 真分数与整系数多项式转化的实现

研究目标的实现是将多项式的问题放到有理数的集合中去研究,将有理数的研究结果以多项式的形式输出。为此,需要解决整系数多项式与有理数的转化问题。所谓有理数中的真分数与整系数多项式转化就是如何建立一种一一对应的关系。为了确保真分数与对应的整系数多项式不仅仅元素之间保持一一对应的关系,同时确保运算之间也保持一一对应的关系,需要将分数用一种表达方式予以表示。本研究采用了将真分数的分子和分母分别进行质因数分解的表示方式,最后将真分数表达式以质因数分解式的方式表示,来实现转化目标。因此,在相应模块处理中对整数的质因数分解作了专门处理,质因数分解的程序段由于反复被调用,所以在整个程序中是独立设置的。

3. 真分数与整系数多项式一一对应关系的建立

根据上述真分数与整系数多项式转化方法,首先将真分数 R 表示成如下形式:

$$R = 2^{a_0} \ 3^{a_1} \ 5^{a_2} \cdots P_n^{a_n}$$

式中,$a_i(i=0,1,2,\cdots,n)$ 为整数;$2,3,5,7,\cdots,P_n$ 为前 $n+1$ 项互不相同的质数。而整系数多项式 $f(x)$ 的一般表示形式为

$$f(x) = a_n x^n + a_{n-1} x^{n-1} + \cdots + a_1 x + a_0$$

从上述真分数和整系数多项式的表示形式上就可以很清楚地看到它们的对应关系,即将真分数 R 的质因数分解式中 $2,3,5$ 等的指数 a_0,a_1,a_2 等与多项式 $f(x)$ 的常数项、一次项系数、二次项系数 a_0,a_1,a_2 等建立起一一对应的关系,实现了形式上的转化。因此,相应模块的处理重点在两种形式的表示方式以及关系转换的处理。

4. 真分数集合中的运算与整系数多项式的运算对应关系的建立

上述已经建立了真分数 R 与整系数多项式 $f(x)$ 的一一对应关系,而任何一个代数结构都是离不开运算关系的,实际上多项式因式分解问题是多项式乘法运算的逆运算,建立两个集合的对应关系如果离开了运算的对应,这种关系是没有意义的。为此,必须解决它们之间的运算对应关系的建立。具体工作如下:

(1)定义真分数集合中的乘法运算(二级乘法)。这个乘法运算必须考虑到两个需要:一个是与整系数多项式的乘法相对应,另一个是符合乘法运算的基本法则要求。

(2)确定真分数的运算与整系数多项式的运算的对应关系。定义了真分数的乘法运算后,原来两个真分数分别与两个整系数多项式保持一一对应的关系,根据定义的真分数的乘法,这两个真分数相乘后得到的新的真分数与原来相对应的两个整系数多项式的相乘得到的整系数多项式必须保持对应,否则这个新的定义是不符合上述要求的。

因此,相应模块处理时的重点在真分数二级乘法运算和多项式乘法运算程序的编制和运算结果的转换上。

5.确定真分数序列的一种筛选方法

整系数多项式的因式分解问题实际上是两个整系数多项式相乘的逆运算的是否可行问题,相对应到真分数上就是解决一个真分数是否为两个真分数的二级乘积,这对两个真分数来说就是是否存在二倍式关系的问题,假如一个真分数为另一个真分数的二倍式,那么这个真分数就有另一个真分数作为它的二倍因式,对应的整系数多项式也就存在对应的因式。因此,建立一种真分数序列的筛选方法就是逐个确定这种二倍式关系,那种不存在二倍式关系的真分数则对应不可约整系数多项式,成为不可约整系数多项式表的构成元素。

上述内容的相应处理模块是整个程序的重点内容之一。在前面工作的基础上,要对作为处理对象的某个真分数是否为已经产生的序列表中的每一个真分数逐个进行二倍式关系的判断,因此,相应的程序段也将是被反复调用的。同时,对确认结果要利用专门程序处理,使结果分类有序输出。

6.上述工作目标实现的具体方法

上述工作的实现是一项工作量庞大的系统工程,依靠人工实现几乎是不可能的,通过具体的程序编制,由计算机来实现正是本研究的主要内容:

(1)设计出整个工作流程的基本框架,让计算机从自动产生真分数,到正确输出不可约整系数多项式,周而复始地进行工作,最后实现输出不可约整系数多项式表。

(2)设计自动产生真分数的具体流程,基本思路是对于一个确定的分母,让其逐个产生分子形成分数,然后对其是否为真分数作出自动判断,对是真分数的给以保存,对不是真分数的进行舍弃。

(3)设计对整数的质因数分解的具体流程。根据上述工作的思路,需要将每一个真分数进行质因数分解,用质因数分解式进行表示,基本思路是利用质数表产生的办法来实现。

(4)设计真分数的质因数乘积的表达式,保存上述整数的质因数分解结果,当上述的质因数分解工作完成后,设计具体的表示形式。

(5)设计对真分数的二级筛选的实施流程。根据前述的确定办法,需对每一个真分数是否为二倍式关系进行判断,这项工作是在真分数序列上进行的,采用逐个比较确定的办法进行,通过这项工作形成不具有二倍式关系的真分数序列。

(6)设计最后输出结果的工作流程。至此为止,不可约整系数多项式表对应的真分数序列表已经产生,只需将它按照多项式的形式输出就可以了。

1.3 研究的主要内容

1.数学内容与方法

本研究要解决的问题本身就是数学问题,利用计算机来加以实现是重点。在数学方法上,主要介绍下述内容。

(1)正有理数 R 的质因数分解式的表示形式,即

$$R = 2^{a_0} \ 3^{a_1} \ 5^{a_2} \cdots P_n^{a_n}$$

式中,$a_i (i = 0, 1, 2, \cdots, n)$ 为整数;$2, 3, 5, 7, \cdots, P_n$ 为前 $n+1$ 个互不相同的质数。

(2)正有理数与整系数多项式建立一种一一对应关系的具体办法,即正有理数

$$R = 2^{a_0} \ 3^{a_1} \ 5^{a_2} \cdots P_n^{a_n}$$

的质因数指数与整系数多项式

$$f(x) = a_n x^n + a_{n-1} x^{n-1} + \cdots + a_1 x + a_0$$

的整系数建立一一对应的关系。

（3）定义了正有理数的二级乘法，即设正有理数

$$N = 2^{a_0} \ 3^{a_1} \ 5^{a_2} \cdots P_n^{a_n}$$

$$M = 2^{b_0} \ 3^{b_1} \ 5^{b_2} \cdots P_n^{b_n}$$

则 N 与 M 的二级乘法为

$$N \otimes M = \prod_{k=0}^{2n} P_k^{\sum\limits_{i+j=k} a_i b_j}$$

（4）确定真分数序列的二级筛法，即在真分数序列中按排列顺序逐个确定二倍式关系，证明这种方法可以确保使不具有二倍式关系的真分数留下来，对应的整系数多项式不可约。

2.计算机实现的设计思路

根据上述数学方法，详细介绍各模块的编程思路和处理办法，分别附上框图，对框图结构的各部分都作具体的说明。

3.计算机程序编制的说明

根据上述程序设计思路，对相应模块的程序段的具体程序编制作详细说明，对使用 VB.NET 的方式解决数学问题、论证数学问题，对对象、字段、方法、事件以及编程中的处理技巧等都作详细说明。

4.整个系统的使用说明

为了读者能够正确使用该系统，对该系统的使用作指南式的操作说明，对运行环境、系统安装、操作步骤、结果运用、注意事项等都作较为详细的解说。

第二章　系统设计的数学方法

2.1　正有理数的表示

定理 2.1　对于任何一个给定的既约正有理数 R，根据因数分解定理，都可以进行质因数分解，可以唯一地表示为

$$R = 2^{a_0}\ 3^{a_1}\ 5^{a_2} \cdots P_n^{a_n}$$

式中，$a_i(i=0,1,2,\cdots,n)$ 为整数；$2,3,5,7,\cdots,P_n$ 为前 $n+1$ 个互不相同的质数。

这是大家熟悉的因数分解定理的延伸，如

$$\frac{126}{165} = \frac{2^1\ 3^2\ 5^0\ 7^1\ 11^0}{2^0\ 3^1\ 5^1\ 7^0\ 11^1} = \frac{42}{55}$$

证明

(1) 当 $R=1$ 时，当且仅当 $a_i=0(i=0,1,2,\cdots,n)$ 时，有

$$1 = 2^{a_0}\ 3^{a_1}\ 5^{a_2} \cdots P_n^{a_n} = 2^0\ 3^0\ 5^0 \cdots P_n^0$$

(2) 若 R 为大于 1 的正整数，则根据算术基本定理，R 可以分解为质因数的乘积，即

$$R = P_0^{a'_0}\ P_1^{a'_1} \cdots P_n^{a'_n}$$

式中，$P_0,P_1,\cdots,P_n$ 是第一章介绍的质数表中 S_1 段最小的 $n+1$ 个质数。适当整理 $P_0,P_1,\cdots,P_n$ 的顺序，并使 $a'_i \geqslant 0(i=0,1,2,\cdots,n)$，则

$$R = 2^{a_0}\ 3^{a_1}\ 5^{a_2} \cdots P_n^{a_n}$$

(3) 若 $R \in \mathbf{Q}^+$，且为非正整数，那么必有 $a,b \in \mathbf{N}$，使

$$R = \frac{a}{b}, \quad (a,b)=1$$

其中，$(a,b)=1$ 表示 a,b 的最大公约数为 1，即 a,b 互质。用 (1)(2) 的结论，有

$$a = 2^{a'_0}\ 3^{a'_1}\ 5^{a'_2} \cdots P_n^{a'_n}, \quad a'_i \geqslant 0, \quad i=0,1,2,\cdots,n$$

$$b = 2^{b'_0}\ 3^{b'_1}\ 5^{b'_2} \cdots P_n^{b'_n}, \quad b'_i \geqslant 0, \quad i=0,1,2,\cdots,n$$

于是

$$\frac{a}{b} = 2^{a_0}\ 3^{a_1}\ 5^{a_2} \cdots P_n^{a_n}$$

式中，$a_i = a'_i - b'_i(i=0,1,2,\cdots,n)$ 为整数。

综合 (1)(2)(3)，定理得证。

2.2　正有理数与整系数多项式对应关系的规定

规定：正有理数

$$R = 2^{a_0} \ 3^{a_1} \ 5^{a_2} \cdots P_n^{a_n}$$

与按升幂排列的整系数多项式

$$f(x) = a_0 + a_1 x + a_2 x^2 + \cdots + a_n x^n$$

对应。例如：

多项式	正有理数
0	$1 = 2^0 \ 3^0 \ 5^0 \cdots P_n^0$
1	$2 = 2^1 \ 3^0 \ 5^0 \cdots P_n^0$
x	$3 = 2^0 \ 3^1 \ 5^0 \cdots P_n^0$
x^2	$5 = 2^0 \ 3^0 \ 5^1 \cdots P_n^0$
$2 + x^2$	$20 = 2^2 \ 3^0 \ 5^1 \cdots P_n^0$
$-x - 2x^2 + x^5$	$\dfrac{13}{75} = 2^0 \ 3^{-1} \ 5^{-2} \ 7^0 \ 11^0 \ 13^1 \ 17^0 \cdots P_n^0$

据此规定，有下述定理。

定理 2.2　有理多项式环 $Q[x]$ 中的整系数多项式与正有理数集 $\mathbf{Q}^+$ 中的正有理数存在一个一一对应的映射 d，使任一 $Q[x]$ 中的整系数多项式 $f(x)$ 总能在正有理数集 $\mathbf{Q}^+$ 中找到唯一的正有理数 R，反之亦然。

2.3　多项式分解与质因数分解式二级乘法的关系

在第一章的概述中已经讲到，建立两个集合的对应关系如果离开了运算的对应，这种关系是没有意义的。现在来建立乘法运算的关系。

根据定理 2.1，可设正有理数 N,M 的质因数分解式为

$$N = 2^{a_0} \ 3^{a_1} \ 5^{a_2} \cdots P_n^{a_n}$$
$$M = 2^{b_0} \ 3^{b_1} \ 5^{b_2} \cdots P_n^{b_n}$$

式中，$a_i,b_i(i=0,1,2,\cdots,n)$ 为整数。

定义　正有理数的二级乘法规定为

$$N \otimes M = (2^{a_0} \ 3^{a_1} \ 5^{a_2} \cdots P_n^{a_n}) \otimes (2^{b_0} \ 3^{b_1} \ 5^{b_2} \cdots P_n^{b_n})$$
$$= 2^{a_0 b_0} \ 3^{a_0 b_1 + a_1 b_0} \cdots P_n^{a_0 b_n + a_1 b_{n-1} + \cdots + a_n b_0} \ P_{n+1}^{a_1 b_n + a_2 b_{n-1} + \cdots + a_n b_1} \cdots P_{2n-1}^{a_{n-1} b_n + a_n b_{n-1}} \ P_{2n}^{a_n b_n}$$

例如：

$$N = 20 = 2^2 \ 3^0 \ 5^1 \cdots P_n^0, \qquad M = 24 = 2^3 \ 3^1 \ 5^0 \cdots P_n^0$$

此时，$n=2,2n=4$，则有

$$N \otimes M = 2^2 \ 3^0 \ 5^1 \cdots P_n^0 \otimes 2^3 \ 3^1 \ 5^0 \cdots P_n^0$$
$$= 2^2 \ 3^0 \ 5^1 \otimes 2^3 \ 3^1 \ 5^0$$

$$= 2^{2\times3}\ 3^{2\times1+0\times3}\ 5^{2\times0+0\times1+1\times3}\ 7^{0\times0+1\times1}\ 11^{1\times0}$$
$$= 2^6\ 3^2\ 5^3\ 7^1$$

综上,就有下述定理。

定理 2.3 设 N,M 是正有理数,$f(x),g(x)$ 是整系数多项式,则在正有理数集 $\mathbf{Q}^+$ 与有理数域上的整系数多项式集合 $Z[x]$ 之间,存在的映射保持正有理数的二级乘法与整系数多项式乘法的对应。即若

$$N \leftrightarrow f(x), \quad M \leftrightarrow g(x)$$

则 $N \otimes M \leftrightarrow f(x)g(x)$。

继上例:

$N = 20 = 2^2\ 3^0\ 5^1 \cdots P_n^0$ 对应 $f(x) = 2 + x^2$,$M = 24 = 2^3\ 3^1\ 5^0 \cdots P_n^0$ 对应 $g(x) = 3 + x$,则
$$N \otimes M = 2^{2\times3}\ 3^{2\times1+0\times3}\ 5^{2\times0+0\times1+1\times3}\ 7^{0\times0+1\times1}\ 11^{1\times0}$$
$$= 2^6\ 3^2\ 5^3\ 7^1$$

对应多项式

$$f(x)g(x) = 6 + 2x + 3x^2 + x^3$$

2.4 寻找整系数不可约多项式的具体方法

有了上述准备,可以按下述步骤逐个求出整系数不可约多项式。

(1)建立真分数序列。取 $2,3,4,5,\cdots,n,\cdots$ 作为分母 b,而取 $1,2,3,4,\cdots,n-1,\cdots$ 作为分子 a 构成真分数序列:

$$\frac{1}{2},\frac{1}{3},\frac{2}{3},\frac{1}{4},\frac{2}{4},\frac{3}{4},\frac{1}{5},\frac{2}{5},\frac{3}{5},\frac{4}{5},\frac{1}{6},\frac{2}{6},\cdots$$

去掉分子与分母有公因数的分数,得到以下真分数序列:

$$\frac{1}{2},\frac{1}{3},\frac{2}{3},\frac{1}{4},\frac{3}{4},\frac{1}{5},\frac{2}{5},\frac{3}{5},\frac{4}{5},\frac{1}{6},\frac{5}{6},\cdots$$

其集合为

$$\{S \mid s = \frac{a}{b}, \quad 1 \leqslant a < b, \quad a,b \in \mathbf{N}, \quad (a,b) = 1\} \tag{2.1}$$

(2)去掉 $\frac{1}{2^n}$ ($n = 1,2,3,\cdots$),留下其后的 $\frac{1}{3}$。

(3)去掉 $\frac{1}{3}$ 的全部二级倍数 $\frac{1}{3} \otimes s$,留下其后的 $\frac{2}{3}$(这是因为 $\frac{1}{3} \otimes \frac{a}{b} = 2^0\ 3^{-1}\ 5^0 \cdots P_n^0 \otimes$

$2^{b_0}\ 3^{b_1}\ 5^{b_2} \cdots P_n^{b_n} = 2^0 3^{-1} \otimes 2^{b_0} 3^{b_1} = 2^0 3^{-b_0} 5^{-b_1}$,不可能得到 $\frac{2}{3} = 2^1\ 3^{-1}\ 5^0 \cdots P_n^{b_n}$)。

(4)去掉 $\frac{2}{3}$ 的全部二级倍数 $\frac{2}{3} \otimes s$,留下其后的 $\frac{3}{4}$(这是因为 $\frac{2}{3} \otimes \frac{a}{b} = 2^1 3^{-1} \otimes 2^{b_0} 3^{b_1} =$

$2^{b_0}\ 3^{b_1-b_0}\ 5^{-b_1}$,不可能得到 $\frac{3}{4} = 2^{-2}\ 3^1\ 5^0 \cdots P_n^0$)。

依此下去,可以得到一系列剩下的真分数:

$$\frac{1}{2},\frac{2}{3},\frac{3}{4},\frac{4}{5},\frac{1}{6},\frac{5}{6},\cdots$$

不妨称它们为二级真分数质数。

（5）将上述的二级真分数质数表示为标准分解式。根据正有理数与整系数多项式的关系，由上面的二级真分数质数得到相应的整系数多项式为

$$
\left.\begin{array}{l}
\dfrac{1}{2} \leftrightarrow f(x)=-1 \\[2mm]
\dfrac{2}{3} \leftrightarrow f(x)=1-x \\[2mm]
\dfrac{3}{4} \leftrightarrow f(x)=-2+x \\[2mm]
\dfrac{4}{5} \leftrightarrow f(x)=2-x^2 \\[2mm]
\dfrac{1}{6} \leftrightarrow f(x)=-1-x \\[2mm]
\dfrac{5}{6} \leftrightarrow f(x)=-1-x+x^2 \\[2mm]
\cdots\cdots
\end{array}\right\} \tag{2.2}
$$

定理 2.4　式（2.2）是不可约整系数多项式的集合。

证明　假设式（2.2）中的多项式

$$a_0+a_1 x+a_2 x^2+\cdots+a_n x^n$$

可约，根据正有理数与整系数多项式的关系，则唯一地对应一个正有理数

$$N=2^{a_0}\ 3^{a_1}\ 5^{a_2}\cdots P_n{}^{a_n}$$

且 N 在式（2.2）的真分数质数中，设

$$a_0+a_1 x+a_2 x^2+\cdots+a_n x^n$$

分解成以下两个多项式的乘积：

$$b_0+b_1 x+b_2 x^2+\cdots+b_k x^k$$
$$c_0+c_1 x+c_2 x^2+\cdots+c_k x^k$$

其中 $k<n$，则以上两式对应的正有理数为

$$M=2^{b_0}\ 3^{b_1}\ 5^{b_2}\cdots P_n{}^{b_n}$$
$$R=2^{c_0}\ 3^{c_1}\ 5^{c_2}\cdots P_n{}^{c_n}$$

则有

$$N=M\otimes R$$

这与 N 为真分数质数是矛盾的。

定理 2.5　正有理数 $r<1$ 对应的整系数不可约多项式均在式（2.2）中。

证明　式（2.1）中的真分数序列已包含全部小于 1 的正有理数对应的整系数多项式，只要按上述办法删除时没有把不可约的删除即可。

若 $f(x)$ 是不可约的，而且已被删除，那么 $f(x)$ 对应的正有理数 N 必定是某个真分数 M 的二级倍数，即 $N=M\otimes R$，根据正有理数与整系数多项式的关系，则必定有整系数多项式 $g(x)$ 和 $h(x)$，使 $f(x)=g(x)h(x)$，这与 $f(x)$ 不可约矛盾。

定理 2.6　正有理数 r 对应的整系数多项式为 $f(x)$，那么 $\dfrac{1}{r}$ 对应的整系数多项式为 $-f(x)$。

证明　设

$$r = 2^{a_0}\ 3^{a_1}\ 5^{a_2} \cdots P_n^{\ a_n}$$

对应的多项式为

$$f(x) = a_0 + a_1 x + a_2\ x^2 + \cdots + a_n\ x^n$$

则

$$\frac{1}{r} = 2^{-a_0}\ 3^{-a_1}\ 5^{-a_2} \cdots P_n^{\ -a_n}$$

故对应的整系数多项式为

$$-f(x) = -a_0 - a_1 x - a_2\ x^2 - \cdots - a_n\ x^n$$

定理 2.7　式(2.2)中的多项式和负多项式构成全部不可约的整系数多项式集合。

证明　根据定理 2.5,正有理数 $r < 1$ 对应的整系数不可约多项式全部在式(2.2)中,$r > 1$ 对应的整系数不可约多项式是式(2.2)中多项式的负多项式,而 $r = 1$ 对应的是零多项式。

因此,运用本节的方法找到了全部的不可约整系数多项式。

第三章 不可约整系数多项式表实现
概要设计

根据前述的数学思想及其方法,如何实现不可约整系数多项式表的制作,本章将作专门介绍。本章主要介绍不可约整系数多项式表的计算机实现方法的整体设计,在介绍整个系统设计的同时,对每一个具体的功能模块也作专门的介绍。

3.1 整个系统设计的主框架

根据数学方法,整个不可约整系数多项式表的实现需设计下述系统。

3.1.1 产生真分数的系统

它的主要功能是为整个系统的运行提供一个逻辑基础。由于真分数首先是分数,需要按照分子分母分别产生相应的整数后再整理成一个分数的形式,在形成分数的同时必须作出是否为真分数的判断,若是真分数则将它加以留存备用,若不是真分数则去之。考虑到真分数序列是一个无穷序列,因此,在整个系统设计时要预先设定一个控制开关,以作为整个系统运行的总的控制手段,这是一个很关键的环节,它的具体指标是根据计算机的运行能力和使用者的需要来设定的。由于真分数的产生是先产生分母后再产生分子的,因此,在本系统设计时是利用分母进行控制的,如系统开始运行时,将控制指标设定为 20,则真分数就从 $\frac{1}{2}$ 开始逐个生成为

$$\frac{1}{2},\frac{1}{3},\frac{2}{3},\frac{1}{4},\frac{2}{4},\frac{3}{4},\frac{1}{5},\cdots,\frac{18}{20},\frac{19}{20}$$

的真分数序列。

3.1.2 整数质因数分解的系统设计

根据上述的数学方法,需要将有理数用质因数的分解式加以表示。因此,对每一个分数的分子分母都要进行质因数分解,然后再将它们整合成一个质因数分解的表示式。由于分子分母都是整数,在分解时可以用同一段程序来加以实现,因此,在分母得到分解式后必须先将它用专门的代码加以存放,在分子得到了分解式后,再形成分数的分解式就完成了对一个分数的分解任务,可以输出供后面的工作程序调用。

3.1.3 真分数是否为 $\frac{1}{2^n}$ 形式的判定系统

由于在后面的筛选过程中对真分数是否为 $\frac{1}{2^n}$ 的形式是单独作为特例处理的,这样,在整个系统设计时对这个情况需要作专门的处理,因此,在整个系统中专门编写了一段相应的处理程

序,若由上述给出的真分数是 $\frac{1}{2^n}$ 的形式则予以删除,若不是则进入下一步。

3.1.4 真分数间是否为二倍式关系的判定系统

在整个系统设计中这是重点也是难点,在前面按序给出真分数序列之后,怎样将它设计得正确而且高效是本段程序设计的重点。从数学角度来说它是二级乘法的逆运算,在上述数学方法的阐述中采用的办法是先产生真分数序列,然后在此基础上实施二级筛选,而由于真分数序列是一个无穷序列,所以在制作不可约整系数多项式表时是按逐个产生的办法来实现的。因此,在系统设计时并不是按照数学方法的逻辑结构进行实施的,也就是说,是产生一个真分数,同时比较一个真分数,具体是按照上述系统程序产生一个真分数后,即与已经产生并且经过全部流程最后作为不可约整系数多项式对应留下的每一个真分数进行是否为二级倍数的比较,从而确定新产生的真分数是否该留下来。假如最后可以确定需要留下来的,则说明对应的多项式是不可约整系数多项式,成为不可约整系数多项式表的一个元素;如果是某个真分数的二级倍数,则予以删除,系统回到产生真分数的又一个循环中。

整个系统设计的整体流程图如图 3-1 所示。

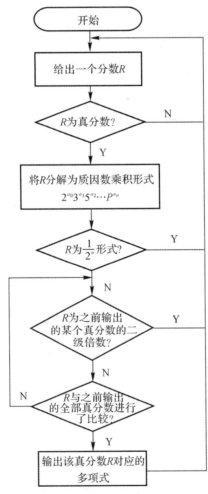

图 3-1　系统整体流程图

3.2　真分数产生系统的设计

真分数产生系统的流程设计如图 3-2 所示。

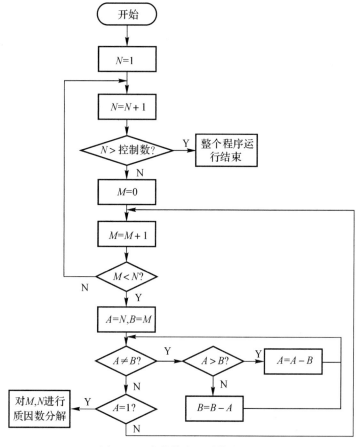

图 3-2　真分数产生系统流程图

图 3-2 中先给出一个分母 N,它从 $N=2$ 开始,然后再给出分子 M,M 从 1 开始到 $N-1$ 为止,每产生一个分子 M,M 都将与分母 N 进行比较,当 $M<N$ 时,产生的分数 $\dfrac{M}{N}$ 是真分数,可以进入下一阶段的工作。当 $M<N$ 不成立时,说明以 N 为分母的真分数已全部产生,程序回去进入产生以 $N+1$ 为分母的真分数的阶段。

当上一段程序产生一个真分数后,逐个产生的真分数 $\dfrac{M}{N}$,可能会出现分子分母存在公因数,如 $\dfrac{2}{4}$ 这种情况。此时需要进行分子分母是否具有公因数的判断(其流程图见图 3-3),若产生的真分数分子分母没有公因数,如 $\dfrac{4}{5}$,$\dfrac{3}{7}$ 等,则这个真分数对应唯一的一个整系数多项式,进入真分数序列;若产生的真分数分子分母存在公因数,如 $\dfrac{2}{4}$,$\dfrac{3}{6}$ 等,那么这个真分数实际上已在已经产生的真分数序列中,予以删除。

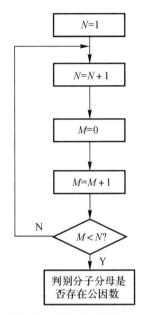

图 3-3　判定分子分母是否存在公因数流程图

对于上述公因数的判断采用辗转相除法进行,考虑到该段程序将反复被执行,因此,程序开始是将分母 N 和分子 M 分别赋值给 A 和 B,然后判断 A 和 B 是否相等,若 $A=B$,则说明相除时余数为 0 了,辗转相除过程即结束,进入下一段判断过程;若 $A\neq B$,辗转相除过程继续直到 $A=B$ 为止。本段程序在采用辗转相除时,考虑到设计的方便,全部按一倍的除数处理,如

$A=27,B=15,$	则由于 $A>B$,那么
$A=27-15=12,$	此时 $A=12,B=15$,由于 $B>A$,那么
$B=15-12=3,$	而此时 $A=12,B=3,A>B$,则
$A=12-3=9,$	仍然 $A>B$,则
$A=9-3=6,$	还是 $A>B$,则
$A=6-3=3,$	到此时 $A=B=3$,结束辗转。

又如

$A=27,B=16,$	此时 $A>B$,则
$A=27-16=11,$	因为 $A=11,B=16,B>A$,则
$B=16-11=5,$	此时 $A>B$,则
$A=11-5=6,$	仍有 $A>B$,则
$A=6-5=1,$	此时 $B>A$,则
$B=5-1=4,$	仍有 $B>A$,则
$B=4-1=3,$	仍然 $B>A$,则
$B=3-1=2,$	还是 $B>A$,则
$B=2-1=1,$	至此 $A=B=1$,结束辗转。

事实上,按照上述的辗转相除法得到的 $A=B$ 的值就是 A 与 B 的公因数。当 $A=B=1$ 时,

说明 A 与 B 是互素的，没有公因数，程序就进入到对分数的质因数的分解程序段。当 $A=B\neq1$ 时，说明存在公因数，可以从真分数中删除，程序回到产生一个新的分子，即新的分数，从而回到一个新的循环。具体流程设计如图 3-4 所示。

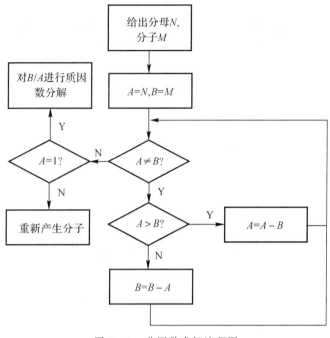

图 3-4　公因数求解流程图

3.3　整数的质因数分解系统的设计

由 3.2 节程序的设计已经产生了一个整数，必须对它进行质因数分解，考虑到该段程序将反复被执行，因此，由上述产生的整数先赋值给一个变量 P，质因数采用由 $2,3,4,\cdots,P-1,P$ 逐个检验的办法，在 $2,3,4,\cdots,P-1,P$ 中产生一个整数 F，先检验它是否为质数，这项工作的安排可以大大降低计算机的运算次数，对于给出的一个整数 F 是否为质数，程序专门结合后面的是否为因数的判断用 $F(T)$ 这个函数进行记录，这里的 T 是专门用来给质数的个数作记录的，若是质数，则进行记录（$T=T+1$）。具体流程设计如图 3-5 所示。

当判定 F 是质数时，紧跟着进行检验是否整除 P 的工作，若不能整除，则回去检验 $F+1$；若能整除，则将 F 作为因数记录下来，由于 P 被 F 整除后的商数仍然有可能继续被 F 整除，因此，对 F 需要继续进行检验，直到 P 不能被 F 整除为止。对整数进行质因数分解的流程设计如图 3-6 所示。

但是，在这个系统设计中，对产生的因数个数和每一个因数的重数需要做好记录，因此，在系统设计时分别用了 T 和 S 作为记数器进行了记录，并将因数 F 和重数 S 分别用 $F(T)$ 和 $S(T)$ 予以留存记录。譬如整数 48，按照这个程序，应该产生因数 2 和 3，2 的重数是 4，3 的重数是 1，即程序将它记录成

$$S(1)=4,S(2)=1,F(1)=2,F(2)=3$$

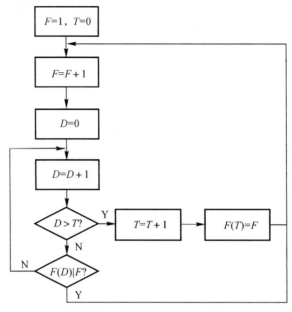

图 3-5 质因数分解流程图

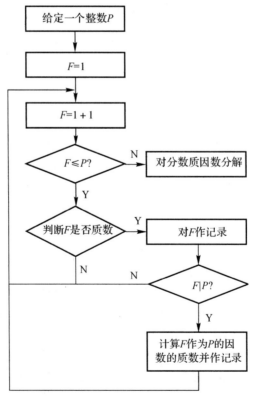

图 3-6 整数质因数分解流程图

这两个记数器的初值均设为 0，T 这个记数器初值位置在本段程序的起始处，而 S 这个记数器的初值起始位置在产生因数后的循环开始前，考虑到在判别一个整数 F 为整数 P 的因数时可能产生的重数，判断时为避免整数 P 的原值发生改变，程序设计时专门进行了值的替换 $P_1 = P$。综合上述得到整个质因数分解系统的流程设计如图 3-7 所示。

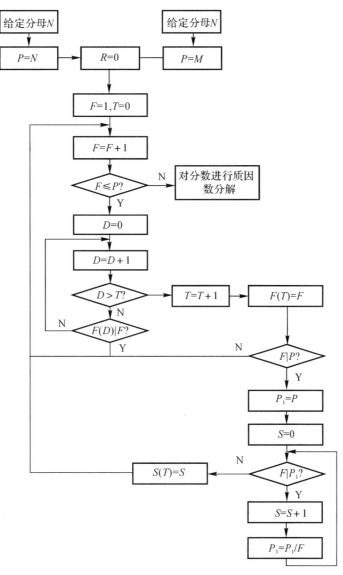

图 3-7　整数质因数分解整体流程图

3.4　分数的质因数分解系统的设计

前面对整数分解系统进行了研究，对分数分解只要将分子分母分别进行分解，然后进行合成就可以了。但是，对几个关键点的处理显得十分重要，它们是：

（1）对前面分解成的整数的分解式，需辨别是分子的分解式还是分母的分解式，程序中用

加入一个 R 是否为 0 进行鉴定,当前面的分解式是分母的分解式时,$R=0$,此时需要将其分母的因数和个数及每个因数的指数重数逐个加以记录,以备用。本程序设计时用函数 $F_1(R)$,T_1,$S_1(R)$ 分别进行记录。

(2) 对分子和分母的因数的个数 T 加以比较,使分子分母的因数在形式上相同,只在各因数的指数重数上加以区别。如 $45=2^0 3^2 5^1$ 和 $100=2^2 3^0 5^2$,因数都是 2,3,5,它们的指数分别是 0,2,1 和 2,0,2。同时根据后面设计的需要,将分子分母的分解式中因数的个数较大者用另外的变量加以存放,本程序中以 $T(L)$ 的形式进行存放。

(3) 为了便于后面二倍式判断的处理,在本段程序中加入一个记数变量 L,它主要是用于对最后输出的不可约整系数多项式的个数进行记数,并用来在本段程序的出口处判断是否直接输出多项式形式,以及把记数变量 T 用来作为函数变量进行传递而采取的措施,但在此之前都没有涉及该变量。在程序设计时变量 L 赋初值放到了全部程序一开始的地方。

(4) 分数的质因数分解式只表现在因数的指数指标上,因此,对分数的分解式只需将前面已经分解成分子分母的指数对应相减就可以了,后面的全部讨论都只在指数指标上进行。考虑到后续处理的需要,在程序设计时分母分子及分数的因数指数分别用一维和二维的函数进行记录。

分数的质因数分解的流程设计如图 3-8 所示。

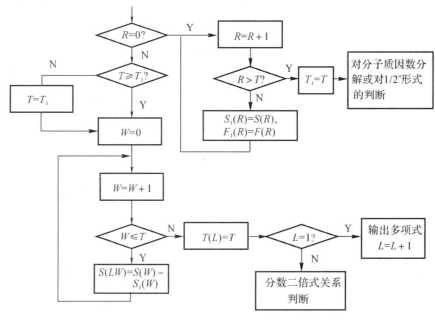

图 3-8 分数质因数分解流程图

3.5 分解式是否为 $\dfrac{1}{2^n}$ 形式的判定系统的设计

根据第二章讨论的数学方法,在进行分数二倍式关系判断时,对具有 $\dfrac{1}{2^n}$ 形式的分数是不可能留在真分数序列中的,也就是说只要出现这种形式的分数,就马上予以删除,不必让它进入到后面的程序,这样做可以大大减少运算量。本程序在设计中对这种情况专门作了处理,具体是在分子 M 为 1 时进入本段判定程序,后面跟着去判断分母是否为 2^n 的形式就可以了,若分子 M 不等于 1,则这个分数必定不是 $\frac{1}{2^n}$ 的形式,也就没有必要进入本段判定程序了。在判断分母是否为 2^n 的形式时,对其分解式只需看 $3,5,7$ 等的指数是否为 0 即可。具体流程设计如图 $3-9$ 所示。

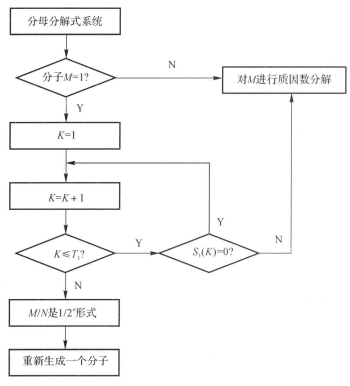

图 $3-9$　分解式是否为 $\frac{1}{2^n}$ 形式判断流程图

3.6　分数的二倍式关系判定系统的设计

本段程序设计是整个系统的核心内容之一,也是重点和难点。有了前面的工作,需要对新生成的一个真分数与前面已经作为不可约多项式对应的分数逐个进行二倍式关系的判定,本书在设计此段程序时采用了三重循环嵌套进行处理。

(1)用 H 作记数器,对第 L 个分数生成后,前面已经生成的 $L-1$ 个分数均需与第 L 个进行二倍式关系的判定。由于它是一个一个进行的,因此 H 就从 1 开始一直到 $L-1$ 为止,当全部进行完之后,新生成的分数的全部工作就结束了,转到生成一个新分数的又一个循环。

(2)用 G 作记数器,对第 H 个留下的分数与新生成的第 L 个分数进行二倍式关系的判定。在数学方法中,由于分数

$$N = 2^{a_0} \ 3^{a_1} \ 5^{a_2} \cdots P_n^{a_n}$$

$$M = 2^{b_0} \ 3^{b_1} \ 5^{b_2} \cdots P_n^{b_n}$$

相乘是

$$N \otimes M = 2^{c_0} \ 3^{c_1} \ 5^{c_2} \cdots P_{2n}^{c_{2n}}$$

其中

$$c_k = \sum_{i+j=k} a_i b_j \quad (k=1,2,\cdots,2n)$$

实际上判断两个真分数是否具有二倍式关系，即将 $N \otimes M$ 作为一个新生成的真分数，检验是否为 N 的二级倍数，完全取决于

$$b_0, b_1, b_2, \cdots, b_n$$

是否全为整数。

在前面的分数分解式中，将第 H 个真分数的分解式的因数指数记为

$$S(H_1), S(H_2), \cdots, S(H_{T(H)})$$

而新生成的真分数是第 L 个，相应地记为

$$S(L_1), S(L_2), \cdots, S(L_{T(L)})$$

这样将

$$a_0, a_1, a_2, \cdots, a_n$$

和

$$c_0, c_1, c_2, \cdots, c_{2n}$$

用

$$S(H_1), S(H_2), \cdots, S(H_{T(H)})$$

和

$$S(L_1), S(L_2), \cdots, S(L_{T(L)})$$

替换，由于当 $k=0$ 时，$c_0 = a_0 b_0$，前面的数学方法中已经提到，$a_0 \neq 0$，所以有 $b_0 = \dfrac{c_0}{a_0}$ 若不是整数，则 N 必定不是 $N \otimes M$ 的因数，相对应地可以由 $\dfrac{S(L_1)}{S(H_1)}$ 是否为整数来进行判断。若是整数，则要接着检验

$$\frac{S(L_2) - S(H_2)\dfrac{S(L_1)}{S(H_1)}}{S(H_1)}$$

是否为整数，依此递推，直到 $T(2H)$ 都是整数，说明第 H 个真分数是第 L 个真分数的因数，即具有二级倍数关系，对应的多项式具有整除关系，那么，第 L 个真分数予以删除。

（3）用 X 作记数器，在上述的的讨论中可以看到，检验

$$\frac{S(L_1)}{S(H_1)}$$

和

$$\frac{S(L_2) - S(H_2)\dfrac{S(L_1)}{S(H_1)}}{S(H_1)}$$

是相当麻烦的事情,在本段程序设计时采用了递推的方法,将诸如上面的 $S(L_1)$, $S(L_2) -$
$S(H_2)\dfrac{S(L_1)}{S(H_1)}$ 等等记作 Y,而将

$$\frac{S(L_1)}{S(H_1)}$$

$$\frac{S(L_2) - S(H_2)\dfrac{S(L_1)}{S(H_1)}}{S(H_1)}$$

和

用函数 $B(X)$ 进行记录,使对一个真分数的一个因数的指数通过一个循环就得以解决。关于
递推关系系统的流程设计如图 3 - 10 所示。

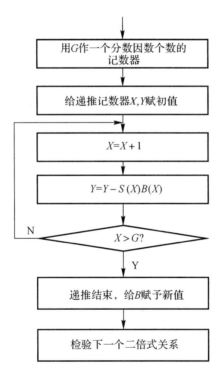

图 3 - 10　递推关系的系统流程图

　　将上面所设计的三重循环嵌套进行整体设计时,只需对它们的指标关系、逻辑关系进行处
理,使它们之间得以正确衔接,就成为了真分数之间的二级倍数关系判定程序的流程设计,如
图 3 - 11 所示。

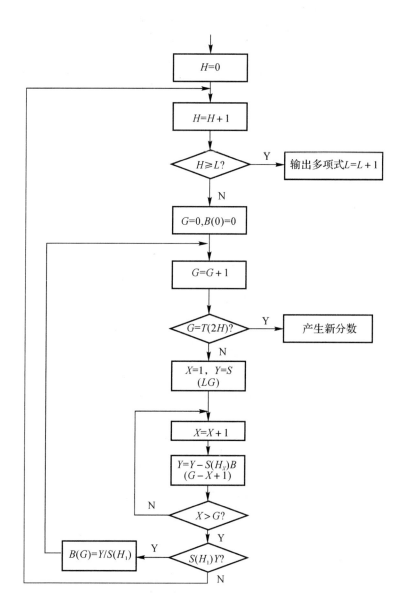

图 3-11　二级倍数判定系统流程图

3.7　系统流程图

根据前文所述各模块的设计,将各模块之间进行整合衔接,形成不可约整系数多项式表制作的流程图,如图 3-12 所示。

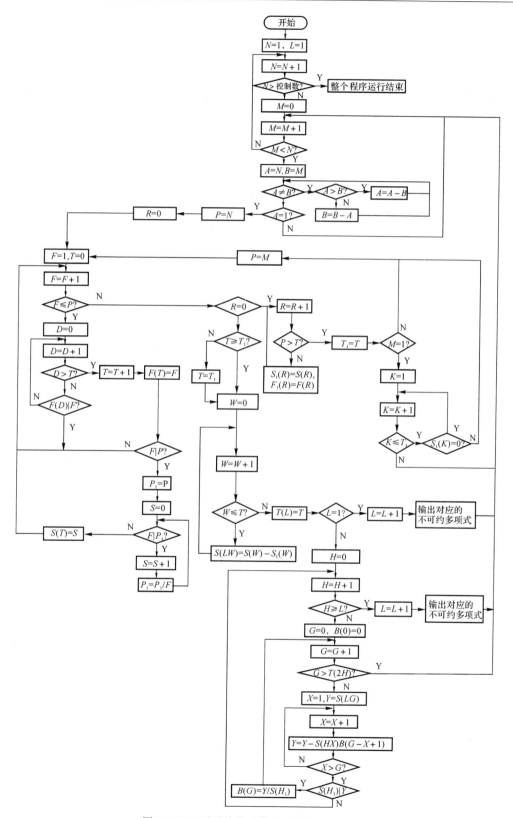

图 3-12　不可约整系数多项式表制作流程

第四章　不可约整系数多项式表制作的程序设计

4.1　采用的技术

由于不可约整系数多项式表设计存在着大量的数学运算,结合自身情况,本研究选择 Microsoft.NET作为开发平台,选择 Visual Studio.NET 平台下的 VB.NET 来实现不可约整系数多项表的系统,原因如下:

当前企业信息系统和应用软件的主流开发平台主要有两种,即 Microsoft.NET 和 J2EE (Java 2 Platform Enterprise Edition)。Microsoft.NET 是一个由 Server,Client 和 Service 组成的平台。J2EE 平台为基于多层分布式应用模型上的 Java 应用设计、开发、装配和部署提供了一个完整框架。当前,基于.NET 平台的产品在多种操作系统和相关的硬件配置上运行,它提供了对数据处理工具、类、XML 等技术的全面支持。.NET 系统一般是由客户层、中间层和服务器层构成的三层系统,.NET 主要应用于企业部署基本架构、构建应用程序。相比较而言,Microsoft.NET 用来开发面向对象的数学问题比 J2EE 更具有优势。

本研究在实现上基于 VB.NET,VB.NET 是 Visual Studio.NET 的一个分支,.NET 由八个部分组成:用户界面,WEB 服务,ASP.NET,ADO.NET,.NET Framework 类库,公共语言运行库,应用程序服务和操作系统底层,如图 4-1 所示。VB.NET 是公共语言运行库中的一种语言,是一种面向对象的语言。在这里之所以选择.NET 的这样一种平台架构,是因为可以把所需要解决的问题——不可约多项式看成一个对象来进行处理。VB.NET 拥有大量的处理数学问题的类对象,可以方便地使用这个平台来处理数学上的问题,减少了对于数学公式计算方面的程序编写,提高了编程速度。这些类对象在平台中是存在的,所以在数据的计算和处理上也相应地提高了速度。

基于.NET 的不可约整系数多项式表制作程序以最大限度地实现数学上公式的论证计算和甄别为目标,强调了计算机用于处理计算问题的高效解决能力,可以根据解决问题的基本思路来判断在给定多项式项数的情况下哪些为可约的多项式,哪些为不可约的多项式。最后可以根据这些不可约的多项式来进行论证,以确定是否为所需要的不可约多项式。

在本系统中主要使用了对象技术来实现数学论证过程,即把多项式看成程序设计中的一个类对象。

在 VB.NET 中,定义一个生命周期只需要用一个 New 事件,这个 New 事件是在对象中其他代码之前运行的,在创建对象的时候被调用,使构造函数具有完整的错误处理能力并可以接收参数。因此可以在创建对象的时候来对 New 事件进行初始化,这种生命周期的定义方式是 VB. NET 中十分重要的特性。

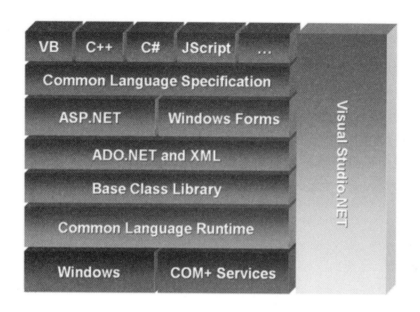

图 4-1　.NET 框架结构图

4.2　寻找不可约多项式的方法

建立真分数$\langle s \rangle$数列:$\dfrac{1}{2}$,$\dfrac{1}{3}$,$\dfrac{2}{3}$,$\dfrac{1}{4}$,$\dfrac{3}{4}$,$\dfrac{1}{5}$,$\dfrac{2}{5}$,$\dfrac{3}{5}$,$\dfrac{4}{5}$,$\dfrac{1}{6}$,$\dfrac{5}{6}$,$\dfrac{1}{7}$,$\dfrac{2}{7}$,$\dfrac{3}{7}$,$\dfrac{4}{7}$,$\dfrac{5}{7}$,

$\dfrac{6}{7}$,$\dfrac{1}{8}$,$\dfrac{3}{8}$,$\dfrac{5}{8}$,$\dfrac{7}{8}$,…,即分母 b 分别取 2,3,4,5,6,7,8,9,10,11,12,…,n,…,对于 $b = n$,分子 a 对应地取 1,2,3,4,…,$n-1$,其中去掉与分母 b 有公约数的数,得到集合$\{s \mid s = \dfrac{a}{b}, \quad 1 \leqslant a < b, \quad a,b \in \mathbf{N}\}$。

在建立真分数序列之前首先来求出真分数数列里所要用到的质数,为了方便真分数中对质数的使用,首先建立一个前 1 000 项的质数文件,以方便调用。有了这个质数文件以后,就可以在每一次求解的过程中直接去调用这样一些质数,提高求解真分数的运算速度。

4.2.1　产生真分数系统的程序设计

通过输入一个数,利用输入的这个数来形成真分数,在真分数的确定过程中,首先确定分母,然后确定分子,根据真分数的定义就可以得到当前分母值之下的所有分式,依此类推,就可以得到输入值范围之内的所有真分数。

产生真分数程序模块首先用来处理输入的一个数,确定分母最大为输入数的真分数,例如:当输入的 N 为 5 时,则形成真分数序列 $\frac{1}{2}$, $\frac{1}{3}$, $\frac{1}{4}$, $\frac{1}{5}$, $\frac{2}{3}$, $\frac{2}{4}$, $\frac{3}{4}$, $\frac{2}{5}$, $\frac{3}{5}$, $\frac{4}{5}$。但是通过这种方式生成的真分数中会存在重复的分数,如 $\frac{1}{2}$ 和 $\frac{2}{4}$ 是同一个分数,那么接下来通过质数分解的方式去掉真分数中相同的一些分数。

为提高程序的运算速度,构建了求质数函数进行调用,其实现的思路如下:

首先利用程序来构建一个求解质数的函数,通过这个函数可以方便后面程序的调用以便于生成质数文件,从而对程序进行优化,减少程序的计算量,提高程序的整体运算速度。在质数文件中存放了一定范围值之内的质数,当运算过程中需要对质数进行调用和判断时,就可以直接拿来使用,而不必进行重复的运算。质数求解流程如图 4-2 所示。

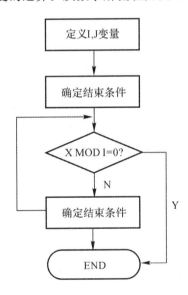

图 4-2 质数求解的流程图

按照模块化的程序设计思想,把整个程序设计成三大模块:

(1)标准模块 Module1,主要完成质数处理。在这个模块中声明与质数处理相关的全局变量,定义质数序列初始化的过程 Init()、查找前 N 个质数的过程 Find()、判断是否质数的函数 isPrime()、生成质数文件的过程 Save() 等过程和函数等。

(2)类模块 uMem,主要完成整系数多项式处理。在这个模块中声明与整系数多项式处理相关的全局变量,定义设置分子分母的函数 SetDenom()、求解质因数的函数 umComp()、获得分数的函数 getFraction()、获得多项式的函数 GetPoly()、二级倍数的多项式除法的函数 uDiv()、计算分母和分子的过程 Comp() 等。

(3)窗体模块 Forml,定义其他模块未包含的函数和过程,处理用户事件,完成程序各功能模块、子程序、函数和过程的调用,实现用户的输入、输出和打印。

质数求解模块主要是用于处理质数的过程,首先建立一个质数求解的函数,这个函数主要是用来判断在一定范围内的数是不是一个质数。如果该数字是一个质数,那么这个质数传递给一个调用函数,用这个调用函数来调用下面的 isPrime 自定义函数,完成求质数的整个过程。这样整个 find( ) 内就存放了 datalen 范围内的所有质数。最后把这些所求得的质数保存在一个 cfg. ini 的文件内,通过读取 cfg. ini 文件的质数来求解所需要的真分数。

此部分用 VB 程序在计算机中的实现(主要代码说明):

程序中主要变量说明如下:

DataLen:整型常量,定义最大质数长度。

uLen:整型变量,用于计数。

k:整型变量,用于计算和保存质数。

uPrime( ):整型数组,用保存质数序列。

xx,yy:uMem 类的实例对像,xx 为一个要处理的分式;yy 为处理分式的空间变量。

ulist:集合对象,用于保存查找到的真分数。

uDenom, uFract:用于保存分母和分子。

程序如下:

```
Public Const DataLen As Integer＝100
Dim uPrime(DataLen) As Integer '保存质数序列
Dim uList As New Collection '保存查找到的真分数序列
Dim uDenom，uFract As Double '保存分母和分子
'————自定义过程,查找前 N 个质数:
Sub Find()
    '查找前 N 个质数,暂设 N 为 100,
    '由变量 DataLen 的值决定。
    Dim uLen, k As Integer
    uLen＝1
    k＝3
    uPrime(0)＝2
    While uLen ＜ DataLen
        If isPrime(k) Then
            uPrime(uLen)＝k
            uLen＋＝1
        End If
        k＋＝2
    End While
End Sub
```

'————自定义函数,判断是否质数:

```
Function isPrime(ByVal x As Integer) As Boolean
    Dim i，j As Integer
    j＝Math. Sqrt(x)
    For i＝2 To j
        If x Mod i＝0 Then Return False
    Next
    Return True
End Function
```

'————自定义过程,把查找到的质数序列保存到文件中,

'以提高程序运行效率:

```
Sub Save(ByVal uFileName As String)
    Dim i As Integer
    Dim s1 As String
    s1＝uPrime(0)
    For i＝1 To DataLen－1
        s1＝s1 ＆ "," ＆ uPrime(i)
    Next
    IO. File. WriteAllText(uFileName，s1)
End Sub
```

以上程序功能:在建立真分数序列之前首先求出真分数数列里所要用到的质数,为了方便真分数中对质数的使用,首先建立一个前 N 项(例如 N＝100)的质数文件,以方便调用。

```
Dim yy As New uMem
Dim xx As uMem
Dim i，j As Integer
For i＝2 To CInt(TextBox1. Text)
    For j＝1 To i－1
        If yy. SetDenom(i，j) Then
            xx＝yy
            If isReal(xx) Then
                …'真分数,不可约多项式处理
            Else
                …'非真分数,可约多项式处理
            End If
            yy＝New uMem
```

```
            End If
        Next
    Next
'————自定义函数,设置分子分母:
Function SetDenom(ByVal Denom As Integer，ByVal Fract As Integer) As Boolean
    uDenom＝Denom
    uFract＝Fract
    Return unComp()
End Function
'————自定义函数,判断是否真分数:
Function isReal(ByRef xx As uMem) As Boolean
    Dim i As Integer＝uList. Count
    Dim j As Integer
    Dim yy As uMem
    For j＝1 To i
        yy＝uList. Item(j)
        If xx. uDiv(yy) Then Return False
    Next
    Return True
End Function
```

以上程序功能:通过输入一个数来形成真分数,首先确定分母,然后确定分子,根据真分数的定义就可以得到当前分母值之下的所有分式,依此类推,就可以得到输入值范围之内的所有真分数。

4.2.2　整数质因数分解的程序设计

整个 Module1 模块主要是用于处理质数的,把所建立好的质数都存放在一个 cfg. ini 这个文件里面最后把这些质数进行传递到分数处理的过程里,进行一个分数化的处理过程。

在 Module1 模块中,最后要求得到一个分式,而在得到这个分式之前要先确定这个分式的分子和分母,在类模块 uMem 中首先求得的就是分子和分母。利用这个分子和公母把相关的值传递给接下来的分数构建函数,求得最终的分式,返回到 Module1 模块中去。

此部分用 VB 程序在计算机中的实现(主要代码说明):

程序中主要变量说明:

uExp():整型数组,用于保存整数多项式的系数。

uLen:整型变量,用于保存整数多项式系数的个数。

程序如下:

Dim uExp(DataLen)，uLen As Integer '用于保存整数多项式的系数

'————自定义函数，求解质因数：

```
Function unComp() As Boolean
    Dim aa() As Integer
    aa＝GetPrm()
    Dim j，k As Double
    j＝uFract
    k＝uDenom
    Dim i，n As Integer
    i＝0
    Dim flag As Boolean
    While j＋k＞2
        n＝aa(i)
        uExp(i)＝0
        flag＝False
        While j Mod n＝0
            uExp(i)＋＝1
            j＝j ＼ n
            flag＝True
        End While
        While k Mod n＝0
            If flag Then Return False
            uExp(i)－＝1
            k＝k ＼ n
        End While
        i＝i＋1
    End While
    uLen＝i－1
    If uLen＝0 Then Return False
    Return True
End Function
```

程序功能：通过质数分解的方式去掉真分数中相同的一些分数，为提高程序的运算速度构建了求质数函数进行调用，实现整数的质因数分解。

4.3　利用所得到的分子和分母来构建
一个质因数分解式

通过上述程序的运算可以得到所需要的分子和分母,利用所得到的这些数来构建分式,因为在上面的设计中有一个用于处理和判断质数的函数,那么在构建质因式的过程中可以利用上面所得到的这些质数,首先构建出一个分母为 N 的真分数,然后确定分子,在确定分子的过程中判断一下分子和分母之间是否存在公因数,如果存在的话那么把这个分数先去除。

此部分用 VB 程序在计算机中的实现(主要代码说明):

程序中主要变量说明:

i,j:整型数组,用于循环控制变量。

k,n:分别表示分子和分母。

aa():整型数组,读取质数序列。

程序如下:

```
'————计算分母,分子
Sub Comp()
    Dim i, j, m, x As Integer
    Dim k, n As Double
    k=1 '分子
    n=1 '分母
    Dim aa() As Integer
    aa=GetPrm()
    For i=0 To uLen
        j=uExp(i)
        m=aa(i)
        If j>0 Then
            For x=1 To j
                k*=m
            Next
        ElseIf j<0 Then
            For x=1 To-j
                n*=m
            Next
        End If
```

```
        Next
        uDenom＝n
        uFract＝k
End Sub
```

以上程序功能：将分数的分子分母分别进行分解，然后进行合成。

4.4 去除 $\frac{1}{2^n}$ 形式的分式系统的程序设计

为了对程序进行优化，根据数学理论可知，当分数为 $\frac{1}{2^n}$ 的形式时，这个分数必定不是不可约的二倍式关系，可以直接删除。首先在真分数中进行查找，看其分子是否为1，如果分子为1，那么进行相关的判断，反之则不必进行判断。接下来把分母化解成3,5,7等的指数形式，看其指数是否为0，如果指数不为0，就进行4.5节程序的处理，看其是否为 $\frac{1}{2^n}$ 的形式，如果是的话，直接删除。

4.5 分数的二倍式关系系统的程序设计

这是对二级倍数进行筛选的部分，把一些不符合条件的二级倍数去除。

二级倍数的除法运算，如图4-3所示。把被除式、除式按某个字母作降幂排列，并把所缺的项用零补齐。用除式的第一项去除被除式的第一项，得商式的第一项。用商式的第一项去乘除式，把积写在被除式下面（同类项对齐），从被除式中减去这个积。把减得的差当作新的被除式，再按照上面的方法继续演算，直到余式为零或余式的次数低于除式的次数时为止。被除式＝除式×商式＋余式，如果一个多项式除以另一个多项式，余式为零，就说这个多项式能被另一个多项式整除）。

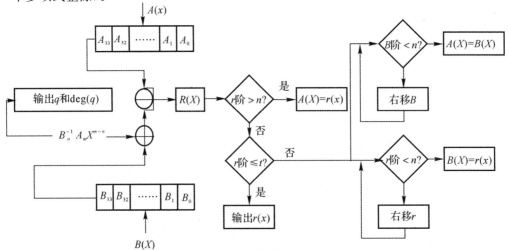

图4-3 二倍式关系计算流程图

将二级真分数质因式分解,由此数对应法则可知

$$2^{a_0} \, 3^{a_1} \, 5^{a_2} \cdots p_n{}^{a_n} \leftrightarrow \{a_0 + a_1 x + a_2 x^2 + \cdots + a_n x^n\}$$

对应的整系数多项式 $a_0 + a_1 x + a_2 x^2 + \cdots + a_n x^n$ 便是整系数不可约多项式。

上述筛选二级质数的方法,称之为二级筛法。

通过取系数的相反数,得到另一部分整系数不可约多项式。最后得到

$$-x, x, 1-x, -1+x, -2, 2, -2+x, 2-x, 2-x^2, -2+x^2, -1-x, 1+x, \cdots$$

定理 4.1　用上述二级筛法可以得到:

(1)第一个二级真分数质数唯一地对应着一个整系数不可约多项式。

(2)且这些不可约多项式不重复。

(3)不可约多项式无遗漏。

证明:

(1)设 N 为任意一个二级真分数质数,根据算术基本定理,有唯一的质因数分解形式: $N = 2^{a_0} \, 3^{a_1} \, 5^{a_2} \cdots P_n{}^{a_n}$。可以得到该二级质数唯一地对应着整系数多项式为

$$a_0 + a_1 x + a_2 x^2 + \cdots + a_n x^n$$

假设整系数多项式

$$a_0 + a_1 x + a_2 x^2 + \cdots + a_n x^n$$

可约,并且与整系数多项式

$$b_0 + b_1 x + b_2 x^2 + \cdots + b_n x^k (k < n)$$
$$c_0 + c_1 x + c_2 x^2 + \cdots + c_n x^l (l < n, \text{且} \, l+k=n)$$

满足

$$a_0 + a_1 x + a_2 x^2 + \cdots + a_n x^n$$
$$= (b_0 + b_1 x + b_2 x^2 + \cdots + b_n x^k) \times$$
$$(c_0 + c_1 x + c_2 x^2 + \cdots + c_n x^l)$$

由对应法则及多项式乘法与二级乘法的运算可得

$$N = 2^{a_0} \, 3^{a_1} \, 5^{a_2} \cdots P_n{}^{a_n} = B \otimes C$$

依据二级筛选,正有理数 N 将被筛去。这与 N 为二级真分数质数矛盾。因此,整系数多项式 $a_0 + a_1 x + a_2 x^2 + \cdots + a_n x^n$ 不可约。

(2)由定理 2.2 的一对一映射知,所得到的多项式没有重复。

(3)假设有不可约多项式 $a_0 + a_1 x + a_2 x^2 + \cdots + a_n x^n$ 被遗漏,于是它对应的元质数 N 必定被分解为 $N = B \otimes C$,于是根据二级乘法与多项式的乘法,有

$$a_0 + a_1 x + a_2 x^2 + \cdots + a_n x^n$$
$$= (b_0 + b_1 x + b_2 x^2 + \cdots + b_n x^k) \times$$
$$(c_0 + c_1 x + c_2 x^2 + \cdots + c_n x^l)$$

这说明多项式 $a_0 + a_1 x + a_2 x^2 + \cdots + a_n x^n$ 可约,与假设矛盾,即得不可约多项式无遗漏。这样就完成了整个不可约多项式的解题过程。

实现整体过程的调用,最终输出不可约多项式和可约多项式。

选用 VB. NET 编写程序,程序的整体流程如图 4 - 4 所示。

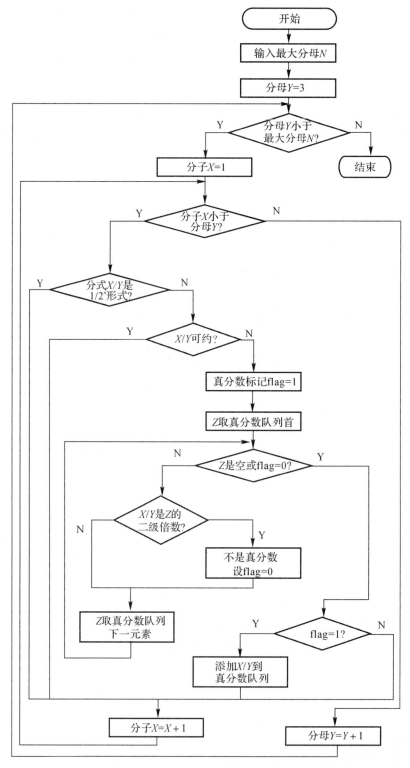

图 4 - 4 不可约多项式求解流程图

利用上面所提出的映射方法，可以找到所需的整数系数不可约多项式。这样可以通过上机调式找到所需要的不可约多项式。

此部分用 VB 程序在计算机中的实现（主要代码说明）：

程序中主要变量说明：

k：整型变量，表示长度。

bb()：整型数组，表示幂次数。

uFlag：整型变量，表示所处理的分数是否为真分数。

uExp2：字符串变量，用于保存输出字符串。

程序如下：

```
Dim uFlag As Integer    '是否为真分数
                        '0——未初始化
                        '1——真分数
                        '2——可约分数
Dim uExp2 As String  '输出字符串
'————自定义函数,二级倍数的多项式除法:
Function uDiv(ByVal x As uMem) As Boolean '多项式除法,只考虑二级倍数
    Dim j, k, n As Integer
    k=x.GetLen
    If uLen <> k+1 Then Return False
    Dim cc() As Integer={0, 0}
    Dim bb() As Integer=x.GetExp
    Dim dd(uLen) As Integer
    '多项式二级除法
    If k=1 Then Return False
    n=uExp(uLen) \ bb(k)
    dd(0)=uExp(0)
    For j=1 To uLen
        dd(j)=uExp(j)-bb(j-1) * n
    Next
    cc(1)=n
    n=dd(k) \ bb(k)
    For j=0 To k
        dd(j)=dd(j)-bb(j) * n
    Next
    cc(0)=n
```

```
        For j＝0 To uLen
            If dd(j) ＜＞ 0 Then Return False
        Next
        uExp2＝x. GetFraction ＆ "(" ＆ x. GetPoly ＆ ")"
        uFlag＝2
        Return True
    End Function
'————自定义函数，获得分式：
Function GetFraction() As String '获得分式
        Dim s1 As String
        If uDenom＝1 Then Return uFract
        s1＝uFract ＆ "/" ＆ uDenom
        Return s1
    End Function
'————自定义函数，获得多项式：
Function GetPoly() As String '获得多项式
        Dim s1 As String＝""
        Dim i As Integer
        s1＝uExp(0)
        For i＝1 To uLen
            If uExp(i)＝1 Then
                s1＝s1 ＆ "＋" ＆ "X" ＆ i ＆ ""
            ElseIf uExp(i)＝0 Then
            ElseIf uExp(i)＝－1 Then
                s1＝s1 ＆ "－" ＆ "X" ＆ i ＆ ""
            ElseIf uExp(i)＞0 Then
                s1＝s1 ＆ "＋" ＆ uExp(i) ＆ "X" ＆ i ＆ ""
            Else
                s1＝s1 ＆ "－" ＆ (－uExp(i)) ＆ "X" ＆ i ＆ ""
            End If
        Next
        Return s1
    End Function
```

以上程序功能：对二级倍数进行筛选，把一些不符合条件的二级倍数去除。

4.6　查找所需要的分数的程序设计

通过上面的程序已经实现了对不可约多项式的输出,但是,在实际的使用过程中,人们常会去查找,想知道这个多项式是不是一个不可约多项式。为了解决这个问题,程序专门为使用人员设计了相应的查询功能,用户只要在输入框中输入相关的多项式,就可以得到本多项式对应的相关真分式。

具体实现流程如图 4-5 所示。

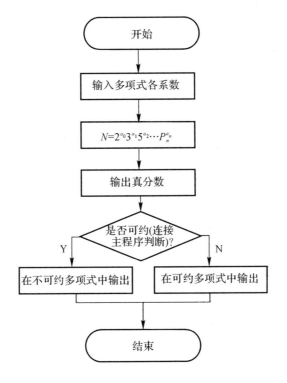

图 4-5　查找分式流程图

此部分用 VB 程序在计算机中的实现(主要代码说明):

程序如下:

Dim uList As New Collection

′————窗体加载事件,初始化质数序列

Private Sub Form1_Load(ByVal sender As System. Object,_

　　ByVal e As System. EventArgs) Handles MyBase. Load

　　Init( )′初始化,读入质数

End Sub

'————开始查找事件

```
Private Sub Button1_Click(ByVal sender As System. Object，ByVal e As System. Even-
tArgs) Handles Button1. Click
        Dim yy As New uMem
        Dim xx As uMem
        uList. Clear()
        ListBox1. Items. Clear()
        jzz＝TextBox2. Text
        Dim i, j As Integer
        For i＝2 To CInt(TextBox1. Text)
            For j＝1 To i－1
                If yy. SetDenom(i，j) Then
                    xx＝yy
                    If isReal(xx) Then
                        uList. Add(xx) '真分数处理
                        ListBox1. Items. Add(xx. GetLongStr)
                        ListBox1. SelectedIndex＝_
                            ListBox1. Items. Count－1
                    End If
                    yy＝New uMem
                End If
                Application. DoEvents()
            Next
        Next
        TextBox3. Text＝lzw
        MsgBox("查找成功,一共查找了" &_
        ListBox1. Items. Count & "项。",_
        MsgBoxStyle. Information)
End Sub
'————自定义函数,设置分子分母:
Function SetDenom(ByVal Denom As Integer，ByVal Fract _
        As Integer) As Boolean
        uDenom＝Denom
```

uFract＝Fract

Return unComp()'调用函数,求质因数:

End Function

'————判断 xx 是否真分数

Function isReal(ByRef xx As uMem) As Boolean

  Dim i As Integer＝uList. Count

  Dim j As Integer

  Dim yy As uMem

  For j＝1 To i

    yy＝uList. Item(j)

    If xx. uDiv(yy) Then Return False

  Next

  Return True

End Function

'————多项式除法 只考虑二级倍数

Function uDiv(ByVal x As uMem) As Boolean

  Dim j, k, n As Integer

  k＝x. GetLen

  If uLen ＜＞ k＋1 Then Return False

  Dim cc() As Integer＝{0, 0}

  Dim bb() As Integer＝x. GetExp

  Dim dd(uLen) As Integer

  '多项式二级除法

  If k＝1 Then Return False

  n＝uExp(uLen) \ bb(k)

  dd(0)＝uExp(0)

  For j＝1 To uLen

    dd(j)＝uExp(j)－bb(j－1) ＊ n

  Next

  cc(1)＝n

  n＝dd(k) \ bb(k)

  For j＝0 To k

    dd(j)＝dd(j)－bb(j) ＊ n

```
        Next
        cc(0)＝n
        For j＝0 To uLen
            If dd(j) ＜＞ 0 Then Return False
        Next
        uExp2＝x. GetFraction & "(" & x. GetPoly & ")"
        uFlag＝2
        Return True
    End Function
    '－－－－生成多项式对应的分数以输出
    Function GetLongStr() As String
        If UCase(GetPoly()) ＜＞ UCase(jzz) Then
            Return ""
        Else
            lzw＝GetFraction()
            Return "多项式对应的分数为:" & GetFraction()
        End If
    End Function
    '－－－－获得多项式
    Function GetPoly() As String
        Dim s1 As String＝""
        Dim i As Integer
        s1＝uExp(0)
        For i＝1 To uLen
            If uExp(i)＝1 Then
                s1＝s1 & "＋" & "X" & i & ""
            ElseIf uExp(i)＝0 Then
            ElseIf uExp(i)＝－1 Then
                s1＝s1 & "－" & "X" & i & ""
            ElseIf uExp(i)＞0 Then
                s1＝s1 & "＋" & uExp(i) & "X" & i & ""
            Else
                s1＝s1 & "－" & (－uExp(i)) & "X" & i & ""
```

```
        End If
    Next
    Return s1
End Function
'————获得分式
Function GetFraction() As String
    Dim s1 As String
    If uDenom＝1 Then Return uFract
    s1＝uFract & "/" & uDenom
    Return s1
End Function
'————计算分母,分子
Sub Comp()
    Dim i，j，m，x As Integer
    Dim k，n As Double
    k＝1'分子
    n＝1'分母
    Dim aa() As Integer
    aa＝GetPrm()
    For i＝0 To uLen
        j＝uExp(i)
        m＝aa(i)
        If j＞0 Then
            For x＝1 To j
                k * ＝m
            Next
        ElseIf j ＜ 0 Then
            For x＝1 To－j
                n * ＝m
            Next
        End If
    Next
    uDenom＝n
```

uFract＝k

End Sub

'－－－－窗体关闭事件,清空列表

Private Sub Form1_FormClosing（ByVal sender As Object,ByVal e As System. Windows. Forms. FormClosing_

EventArgs）Handles Me. FormClosing

uList. Clear()

End Sub

第五章　不可约整系数多项式表的实现

"不可约多项式表制作"是一个完整的程序,各子程序是主程序当中的子功能代码段,程序界面设计如图5-1所示。

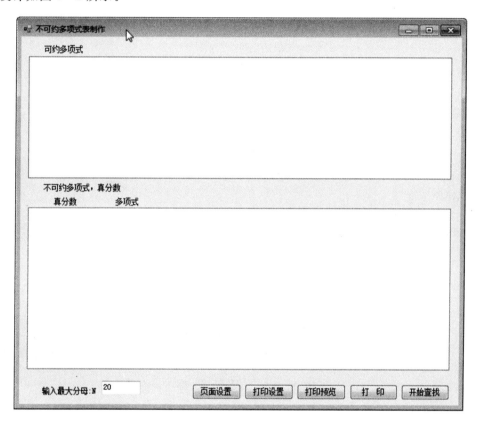

图5-1　不可约多项式表制作程序界面设计

本程序主要通过产生真分数、整数质因数分解、分数的质因数分解、判断是否存在$\frac{1}{2^n}$的形式、产生分数的二级倍数等模块最终实现了对于不可约多项式表的生成过程。

5.1　真分数产生的结果

首先在图5-1所示界面中输入最大分母值,如输入的最大分母为20,那么将会产生分母小于或等于20的所有真分数。具体是在图5-1的界面中输入20,然后再点击"确定"按钮进行相关运算。所产生的真分数如图5-2所示。

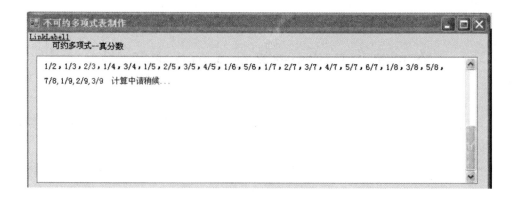

图 5-2　输出真分数

具体实现方法如下：

Dim i,n As Integer

Dimzfs() As Integer

n=intupbox()　'用户输入最大分母值

Sub ZFS()

    For i=1 To n-1　'i为分子

        For j=2 To n　　'j为分母

          If i<j Then　　'判断分子是否比分母小

            zfs=i/j　'计算真分数

        Next

    Next

End Sub

5.2　整数的质因数分解的结果

为后面的功能服务,先在 cfg.ini 这个文件中存放一定数量的质数,最大的质数由输入所确定。那么可以在程序文件夹中找到 cfg.ini 这个文件,单击鼠标右键选择记事本方式打开,就可以看到相应的质数,如图 5-3 所示。

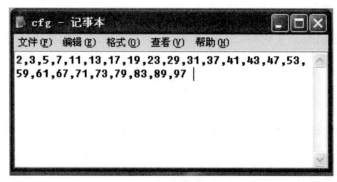

图 5-3　输出质数

质数求解过程如下：

定义 uPrime() 为自定义求质数函数，DataLen 为最大质数长度，Find() 为质数查找函数，uLen 为计数，k 为质数，Save() 为质数保存函数，Module1 为质数处理模块。

实现过程：

```
Public Const DataLen As Integer＝1000 ′定义数的长度

Dim uPrime(DataLen) As Integer ′用于保存质数序列

′－－－－建立查找函数，用于查找前 N 个质数，N 的大小由 DataLen 决定，初值暂设
为 100

Sub Find()
    Dim uLen，k As Integer
    uLen＝1′建立相关初值
    k＝3
    uPrime(0)＝2
    While uLen ＜ DataLen    ′用于判断是否大于所定义数的最大长度
        If isPrime(k) Then   ′isPrime 用来判断是不是质数
            uPrime(uLen)＝k ′为了说明它是一个质数
            uLen＋＝1
        End If
        k＋＝2        ′继续下一个数
    End While
End Sub
```

产生质数的函数实现方式如下：

```
′－－－－建立判断质数的函数

Function isPrime(ByVal x As Integer) As Boolean
    Dim i，j As Integer
    j＝Math. Sqrt(x)′确立这个数的结束的判断条件
    For i＝2 To j
        If x Mod i＝0 Then Return False ′判断质数
    Next
    Return True
End Function

′－－－－保存所需要的 DataLen 个质数

Sub Save(ByVal uFileName As String)
    Dim i As Integer
    Dim s1 As String
```

```
        s1＝uPrime(0)
        For i＝1 To DataLen－1
            s1＝s1 & "," & uPrime(i)
        Next
        IO.File.WriteAllText(uFileName，s1) ´建立一个文件
    End Sub
    ´－－－－建立一个 cfg.ini 的文件，把质数存在里面
    Sub Init(Optional ByVal uFileName As String＝"cfg.ini")
        Dim i As Integer
        Dim s1 As String
    ´判断所要建立的文件是否存在，如果存在，先把这些质数给读出来，然后在其后继续
写上所增加找到的质数
        If IO.File.Exists(uFileName) Then
            s1＝IO.File.ReadAllText(uFileName)
            Dim ss() As String
            ss＝Split(s1，",")
            For i＝0 To DataLen－1
                uPrime(i)＝ss(i)
            Next
        Else
            Find()
            Save(uFileName)
        End If
    End Sub
    ´－－－－计算分数，调用所建立的函数
    Function GetPrm() As Integer()
        Return uPrime
    End Function
```

定义 Comp()来计算分子、分母，k 为分子，n 为分母，aa 为质数序列。

实现过程：

```
    ´－－－－计算分子、分母
    Sub Comp()
        Dim i，j，m，x As Integer
        Dim k，n As Double
        k＝1 ´分子
```

```
n＝1  '分母
Dim aa( ) As Integer
aa＝GetPrm( )   '从上一个函数里传过来的质数
For i＝0 To uLen
    j＝uExp(i)   '计算幂次数
    m＝aa(i)
```

'对于次数分别是正数和负数的不同情况进行选择处理,若是负数,则先把该数当作正数处理然后加负号

```
    If j＞0 Then
        For x＝1 To j
            k ＊＝m
        Next
    ElseIf j ＜ 0 Then
        For x＝1 To－j
            n ＊＝m
        Next
    End If
Next
uDenom＝n   '分母
uFract＝k     '分子
End Sub
```

接下来就可以利用这些质数来对一个整数进行质因数的分解,比如一个整数输入为90,那么输出就是 90＝2＊3＊3＊5,如图 5－4 所示。

图 5－4　整数的质因数分解

5.3 分式的质因数分解的结果

分式的质因数分解过程和整数的质因数分解过程基本相同,先把分子进行质因数分解,然后把分母进行质因数分解,最后把分子除以分母,这样就形成了分式的质因数分解,如要对 $\frac{45}{100}$ 进行分解,那么输出的为 $45=2^0 3^2 5^1$ 和 $100=2^2 3^0 5^2$,具体结果如图 5-5 所示。

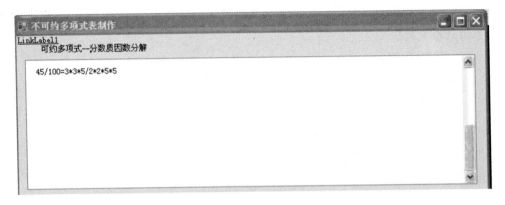

图 5-5 分数的质因数分解

对通过运算后形成的质数文件进行真分式的构建,定义 Getfraction 为分式函数,s1 为分式,uDenom 为分母,uFract 为分子。

实现过程:

```
'————获得分式
Function GetFraction() As String
    Dim s1 As String
    '如果分母等于1,那么分子就是这个数的分式,否则就构建一个 s1 的分式
    If uDenom=1 Then Return uFract
    s1=uFract & "/" & uDenom
    Return s1
End Function
```

说明:

(1)利用生成的分子和分母来构建分式的函数。

(2)去掉 $\frac{1}{2}$,筛去 $\frac{1}{3}$ 的一切二级倍数:$\frac{2}{3} \otimes s$,这里 $s=\frac{a}{b}$ 或 $s=\frac{b}{a}$;紧跟在 $\frac{1}{3}$ 后面没被筛去的是 $\frac{2}{3}$。

(3)筛去 $\frac{2}{3}$ 的一切二级倍数:$\frac{2}{3} \otimes s$,这里 $s=\frac{a}{b}$ 或 $s=\frac{b}{a}$,$\cdots$,继续下去,得到了一系列的没被筛去的真分数,称之为二级真分数质数:$\frac{1}{3}, \frac{2}{3}, \frac{1}{4}, \frac{3}{4}, \frac{4}{5}, \frac{1}{6}, \frac{5}{6}, \cdots$。

5.4　形成不可约多项式的结果

最后通过相关的主程序把上面的各子程序模块的功能进行调用,求解得到不可约多项式的结果。主程序的具体调用过程为:在得到这个分式之前应先确定这个分式的分子和分母,在构建真分数的函数中首先求得的就是分子和分母。利用这个分子和分母把相关的值传递给接下来的分数构建函数,求得最终的分式,返回到 Module1.vb 的模块之中去。在构建分式的过程中先对分母进行判断,如果分母为 1,那么分子就是所求的分式,否则通过两数相除的方法来求得分式。二级倍数筛选模块把一些不符合条件的二级倍数删除。先定义 uDiv 为二级倍数处理函数,k 为长度,bb 为幂次数,然后通过二级倍数的除法运算把被除式、除式按某个字母进行降幂排列,并把所缺的项用零补齐。用除式的第一项去除被除式的第一项,得到商式的第一项。用商式的第一项去乘除式,把积写在被除式下面(同类项对齐),从被除式中减去这个积,把减得的差当作新的被除式,再按照上面的算法继续演算,直到余式为零或余式的次数低于除式的次数时为止(被除式=除式×商式+余式)。如果一个多项式除以另一个多项式,余式为零,就说这个多项式能被另一个多项式整除。在整个处理过程中多项式除法只考虑二级倍数。最后将二级真分数质因数分解,由整系数多项式与正有理数的对应法则,可得

$$2^{a_0} 3^{a_1} 5^{a_2} \cdots P_n{}^{a_n} \leftrightarrow \{a_0 + a_1 x + a_2 x^2 + \cdots + a_n x^n\}$$

对应的整系数多项式 $a_0 + a_1 x + a_2 x^2 + \cdots + a_n x^n$ 便是整系数不可约多项式。实现整体过程的调用,最终输出不可约多项式和可约多项式,实现结果如图 5-6 所示。

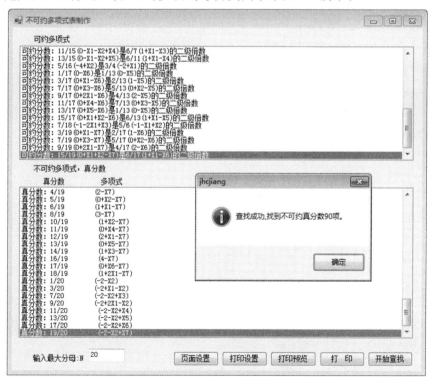

图 5-6　不可约多项式输出

　　在整个不可约多项式的计算过程中,去掉了那些可约的多项式,这些可约的多项式在实际应用领域中也有很大的用处,因此也对这些可约的多项式进行了处理,具体结果如图 5-7 所示。

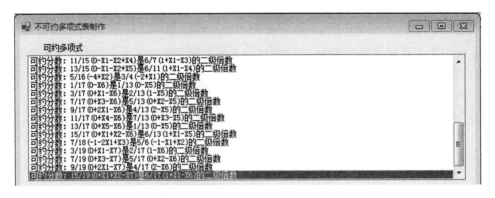

图 5-7　可约多项输出

定义 uDiv 为二级倍数处理,k 为长度,bb 为幂次数。

实现过程:

```
'————多项式除法只考虑二级倍数
Function uDiv(ByVal x As uMem) As Boolean
    Dim j, k, n As Integer
    k=x. GetLen
    If uLen <> k+1 Then Return False
    Dim cc() As Integer={0, 0}
    Dim bb() As Integer=x. GetExp
    Dim dd(uLen) As Integer
    '多项式二级除法
    n=uExp(uLen) \ bb(k)
    dd(0)=uExp(0)
    For j=1 To uLen
        dd(j)=uExp(j)—bb(j—1) * n
    Next
    cc(1)=n
    n=dd(k) \ bb(k)
    For j=0 To k
        dd(j)=dd(j)—bb(j) * n
    Next
    cc(0)=n
    For j=0 To uLen
        If dd(j) <> 0 Then Return False
    Next
```

uExp2＝x. GetFraction & "(" & x. GetPoly & ")"

uFlag＝2

Return True

End Function

定义 xx 为一个要处理的分式, yy 为处理分式的空间变量, isreal() 为判断真分数的函数。

实现过程:

Private Sub Button1_Click(ByVal sender As System. Object，ByVal e As System. EventArgs) Handles Button1. Click

'把 yy 和 xx 清零, 重新开辟出一个新的内存区域

Dim yy As New uMem

Dim xx As uMem

Button1. Enabled＝False 　'按钮不可用

Label1. Visible＝True 　　'label1 控件激活

Timer1. Enabled＝True 　　'打开时间控件

uList. Clear() 　　　　　　　'把例表框进行清空

ListBox1. Items. Clear() 　'把 box1 清空

ListBox2. Items. Clear() 　'把 box2 清空

Dim i，j As Integer

'建立真分数处理的一个区域, 结束条件为输入框内的值

For i＝2 To CInt(TextBox1. Text)

　　For j＝1 To i－1

　　　　If yy. SetDenom(i，j) Then '条件逻辑判断

　　　　　　xx＝yy

　　　　　　If isReal(xx) Then

　　　　　　　　uList. Add(xx) '真分数处理

　　　　　　　　ListBox2. Items. Add(xx. GetLongStr)

　　　　　　　　'输出不可约多项式

　　　　　　　　ListBox2. SelectedIndex＝_

　　　　　　　　ListBox2. Items. Count－1

　　　　　　Else

　　　　　　　　ListBox1. Items. Add(xx. GetLongStr)

　　　　　　　　'输出可约多项式

　　　　　　　　ListBox1. SelectedIndex＝_

　　　　　　　　ListBox1. Items. Count－1

　　　　　　End If

　　　　　　yy＝New uMem '重新给一个新的数

　　　　End If

　　'操作权转回操作系统

　　Application. DoEvents()

```
        Next
    Next
    Label1. Visible=False        '标签不可表
    Timer1. Enabled=False        '时间计数关闭
    Button1. Enabled=True        '按键可用
    '输出真分数项数
    MsgBox("查找成功,找到不可约真分数" &_
    ListBox2. Items. Count & "项。",_
    MsgBoxStyle. Information)
End Sub
```

5.5　程序运行部分结果的输出

程序的运行结果按两部分输出,分母按 30 进行控制,输出的不可约整系数多项式表和可约多项式表分别如图 5-8、图 5-9 所示。

真分数:1/3	(0-X1)
真分数:2/3	(1-X1)
真分数:3/4	(-2+X1)
真分数:4/5	(2-X2)
真分数:1/6	(-1-X1)
真分数:5/6	(-1-X1+X2)
真分数:1/7	(0-X3)
真分数:2/7	(1-X3)
真分数:3/7	(0+X1-X3)
真分数:4/7	(2-X3)
真分数:5/7	(0+X2-X3)
真分数:6/7	(1+X1-X3)
真分数:3/8	(-3+X1)
真分数:5/8	(-3+X2)
真分数:7/8	(-3+X3)
真分数:1/9	(0-2X1)
真分数:2/9	(1-2X1)
真分数:4/9	(2-2X1)
真分数:8/9	(3-2X1)
真分数:1/10	(-1-X2)
真分数:3/10	(-1+X1-X2)
真分数:7/10	(-1-X2+X3)
真分数:2/11	(1-X4)
真分数:4/11	(2-X4)
真分数:6/11	(1+X1-X4)

图 5-8　输出不可约整系数多项式表

真分数:8/11	(3−X4)
真分数:10/11	(1+X2−X4)
真分数:1/12	(−2−X1)
真分数:7/12	(−2−X1+X3)
真分数:11/12	(−2−X1+X4)
真分数:1/13	(0−X5)
真分数:2/13	(1−X5)
真分数:4/13	(2−X5)
真分数:5/13	(0+X2−X5)
真分数:6/13	(1+X1−X5)
真分数:7/13	(0+X3−X5)
真分数:8/13	(3−X5)
真分数:10/13	(1+X2−X5)
真分数:11/13	(0+X4−X5)
真分数:12/13	(2+X1−X5)
真分数:3/14	(−1+X1−X3)
真分数:5/14	(−1+X2−X3)
真分数:9/14	(−1+2X1−X3)
真分数:11/14	(−1−X3+X4)
真分数:13/14	(−1−X3+X5)
真分数:2/15	(1−X1−X2)
真分数:8/15	(3−X1−X2)
真分数:14/15	(1−X1−X2+X3)
真分数:3/16	(−4+X1)
真分数:7/16	(−4+X3)
真分数:9/16	(−4+2X1)
真分数:11/16	(−4+X4)
真分数:13/16	(−4+X5)
真分数:15/16	(−4+X1+X2)
真分数:2/17	(1−X6)
真分数:4/17	(2−X6)
真分数:5/17	(0+X2−X6)
真分数:6/17	(1+X1−X6)
真分数:8/17	(3−X6)
真分数:10/17	(1+X2−X6)
真分数:12/17	(2+X1−X6)
真分数:14/17	(1+X3−X6)
真分数:16/17	(4−X6)
真分数:1/18	(−1−2X1)
真分数:5/18	(−1−2X1+X2)

续图 5−8　输出不可约整系数多项式表

真分数:11/18	(−1−2X1+X4)
真分数:13/18	(−1−2X1+X5)
真分数:17/18	(−1−2X1+X6)
真分数:1/19	(0−X7)
真分数:2/19	(1−X7)
真分数:4/19	(2−X7)
真分数:5/19	(0+X2−X7)
真分数:6/19	(1+X1−X7)
真分数:8/19	(3−X7)
真分数:10/19	(1+X2−X7)
真分数:11/19	(0+X4−X7)
真分数:12/19	(2+X1−X7)
真分数:13/19	(0+X5−X7)
真分数:14/19	(1+X3−X7)
真分数:16/19	(4−X7)
真分数:17/19	(0+X6−X7)
真分数:18/19	(1+2X1−X7)
真分数:1/20	(−2−X2)
真分数:3/20	(−2+X1−X2)
真分数:7/20	(−2−X2+X3)
真分数:9/20	(−2+2X1−X2)
真分数:11/20	(−2−X2+X4)
真分数:13/20	(−2−X2+X5)
真分数:17/20	(−2−X2+X6)
真分数:19/20	(−2−X2+X7)
真分数:2/21	(1−X1−X3)
真分数:4/21	(2−X1−X3)
真分数:8/21	(3−X1−X3)
真分数:16/21	(4−X1−X3)
真分数:20/21	(2−X1+X2−X3)
真分数:1/22	(−1−X4)
真分数:3/22	(−1+X1−X4)
真分数:5/22	(−1+X2−X4)
真分数:7/22	(−1+X3−X4)
真分数:9/22	(−1+2X1−X4)
真分数:13/22	(−1−X4+X5)
真分数:15/22	(−1+X1+X2−X4)
真分数:17/22	(−1−X4+X6)
真分数:19/22	(−1−X4+X7)
真分数:2/23	(1−X8)

续图 5−8 输出不可约整系数多项式表

真分数:4/23	(2−X8)
真分数:5/23	(0+X2−X8)
真分数:6/23	(1+X1−X8)
真分数:8/23	(3−X8)
真分数:10/23	(1+X2−X8)
真分数:11/23	(0+X4−X8)
真分数:12/23	(2+X1−X8)
真分数:14/23	(1+X3−X8)
真分数:16/23	(4−X8)
真分数:18/23	(1+2X1−X8)
真分数:20/23	(2+X2−X8)
真分数:22/23	(1+X4−X8)
真分数:1/24	(−3−X1)
真分数:5/24	(−3−X1+X2)
真分数:7/24	(−3−X1+X3)
真分数:11/24	(−3−X1+X4)
真分数:13/24	(−3−X1+X5)
真分数:17/24	(−3−X1+X6)
真分数:19/24	(−3−X1+X7)
真分数:23/24	(−3−X1+X8)
真分数:2/25	(1−2X2)
真分数:7/25	(0−2X2+X3)
真分数:8/25	(3−2X2)
真分数:11/25	(0−2X2+X4)
真分数:12/25	(2+X1−2X2)
真分数:13/25	(0−2X2+X5)
真分数:16/25	(4−2X2)
真分数:17/25	(0−2X2+X6)
真分数:18/25	(1+2X1−2X2)
真分数:19/25	(0−2X2+X7)
真分数:21/25	(0+X1−2X2+X3)
真分数:23/25	(0−2X2+X8)
真分数:1/26	(−1−X5)
真分数:3/26	(−1+X1−X5)
真分数:5/26	(−1+X2−X5)
真分数:7/26	(−1+X3−X5)
真分数:9/26	(−1+2X1−X5)
真分数:11/26	(−1+X4−X5)
真分数:15/26	(−1+X1+X2−X5)
真分数:17/26	(−1−X5+X6)

续图 5−8　输出不可约整系数多项式表

真分数：19/26	（－1－X5＋X7）
真分数：21/26	（－1＋X1＋X3－X5）
真分数：23/26	（－1－X5＋X8）
真分数：25/26	（－1＋2X2－X5）
真分数：1/27	（0－3X1）
真分数：2/27	（1－3X1）
真分数：4/27	（2－3X1）
真分数：8/27	（3－3X1）
真分数：10/27	（1－3X1＋X2）
真分数：14/27	（1－3X1＋X3）
真分数：16/27	（4－3X1）
真分数：22/27	（1－3X1＋X4）
真分数：26/27	（1－3X1＋X5）
真分数：1/28	（－2－X3）
真分数：3/28	（－2＋X1－X3）
真分数：9/28	（－2＋2X1－X3）
真分数：11/28	（－2－X3＋X4）
真分数：13/28	（－2－X3＋X5）
真分数：15/28	（－2＋X1＋X2－X3）
真分数：17/28	（－2－X3＋X6）
真分数：19/28	（－2－X3＋X7）
真分数：23/28	（－2－X3＋X8）
真分数：25/28	（－2＋2X2－X3）
真分数：27/28	（－2＋3X1－X3）
真分数：1/29	（0－X9）
真分数：2/29	（1－X9）
真分数：4/29	（2－X9）
真分数：5/29	（0＋X2－X9）
真分数：6/29	（1＋X1－X9）
真分数：8/29	（3－X9）
真分数：10/29	（1＋X2－X9）
真分数：11/29	（0＋X4－X9）
真分数：12/29	（2＋X1－X9）
真分数：14/29	（1＋X3－X9）
真分数：16/29	（4－X9）
真分数：17/29	（0＋X6－X9）
真分数：18/29	（1＋2X1－X9）
真分数：19/29	（0＋X7－X9）
真分数：20/29	（2＋X2－X9）
真分数：22/29	（1＋X4－X9）

续图 5 - 8　输出不可约整系数多项式表

真分数:23/29　　　　(0＋X8－X9)
真分数:24/29　　　　(3＋X1－X9)
真分数:25/29　　　　(0＋2X2－X9)
真分数:26/29　　　　(1＋X5－X9)
真分数:28/29　　　　(2＋X3－X9)
真分数:1/30　　　　 (－1－X1－X2)
真分数:7/30　　　　 (－1－X1－X2＋X3)
真分数:13/30　　　　(－1－X1－X2＋X5)
真分数:17/30　　　　(－1－X1－X2＋X6)
真分数:19/30　　　　(－1－X1－X2＋X7)
真分数:23/30　　　　(－1－X1－X2＋X8)
真分数:29/30　　　　(－1－X1－X2＋X9)

续图 5-8　输出不可约整系数多项式表

可约分数:1/5(0－X2)是 1/3(0－X1)的二级倍数
可约分数:2/5(1－X2)是 2/3(1－X1)的二级倍数
可约分数:3/5(0＋X1－X2)是 1/3(0－X1)的二级倍数
可约分数:5/9(0－2X1＋X2)是 1/3(0－X1)的二级倍数
可约分数:7/9(0－2X1＋X3)是 4/5(2－X2)的二级倍数
可约分数:9/10(－1＋2X1－X2)是 2/3(1－X1)的二级倍数
可约分数:1/11(0－X4)是 1/7(0－X3)的二级倍数
可约分数:3/11(0＋X1－X4)是 2/7(1－X3)的二级倍数
可约分数:5/11(0＋X2－X4)是 3/7(0＋X1－X3)的二级倍数
可约分数:7/11(0＋X3－X4)是 1/7(0－X3)的二级倍数
可约分数:9/11(0＋2X1－X4)是 4/7(2－X3)的二级倍数
可约分数:5/12(－2－X1＋X2)是 3/4(－2＋X1)的二级倍数
可约分数:3/13(0＋X1－X5)是 2/11(1－X4)的二级倍数
可约分数:9/13(0＋2X1－X5)是 4/11(2－X4)的二级倍数
可约分数:1/14(－1－X3)是 3/10(－1＋X1－X2)的二级倍数
可约分数:1/15(0－X1－X2)是 1/3(0－X1)的二级倍数
可约分数:4/15(2－X1－X2)是 2/3(1－X1)的二级倍数
可约分数:7/15(0－X1－X2＋X3)是 5/6(－1－X1＋X2)的二级倍数
可约分数:11/15(0－X1－X2＋X4)是 6/7(1＋X1－X3)的二级倍数
可约分数:13/15(0－X1－X2＋X5)是 6/11(1＋X1－X4)的二级倍数
可约分数:5/16(－4＋X2)是 3/4(－2＋X1)的二级倍数
可约分数:1/17(0－X6)是 1/13(0－X5)的二级倍数
可约分数:3/17(0＋X1－X6)是 2/13(1－X5)的二级倍数
可约分数:7/17(0＋X3－X6)是 5/13(0＋X2－X5)的二级倍数

图 5-9　输出可约整系数多项式表

可约分数:9/17(0+2X1-X6)是 4/13(2-X5)的二级倍数

可约分数:11/17(0+X4-X6)是 7/13(0+X3-X5)的二级倍数

可约分数:13/17(0+X5-X6)是 1/13(0-X5)的二级倍数

可约分数:15/17(0+X1+X2-X6)是 6/13(1+X1-X5)的二级倍数

可约分数:7/18(-1-2X1+X3)是 5/6(-1-X1+X2)的二级倍数

可约分数:3/19(0+X1-X7)是 2/17(1-X6)的二级倍数

可约分数:7/19(0+X3-X7)是 5/17(0+X2-X6)的二级倍数

可约分数:9/19(0+2X1-X7)是 4/17(2-X6)的二级倍数

可约分数:15/19(0+X1+X2-X7)是 6/17(1+X1-X6)的二级倍数

可约分数:1/21(0-X1-X3)是 1/10(-1-X2)的二级倍数

可约分数:5/21(0-X1+X2-X3)是 3/10(-1+X1-X2)的二级倍数

可约分数:10/21(1-X1+X2-X3)是 1/10(-1-X2)的二级倍数

可约分数:11/21(0-X1-X3+X4)是 7/10(-1-X2+X3)的二级倍数

可约分数:13/21(0-X1-X3+X5)是 10/11(1+X2-X4)的二级倍数

可约分数:17/21(0-X1-X3+X6)是 10/13(1+X2-X5)的二级倍数

可约分数:19/21(0-X1-X3+X7)是 10/17(1+X2-X6)的二级倍数

可约分数:21/22(-1+X1+X3-X4)是 2/7(1-X3)的二级倍数

可约分数:1/23(0-X8)是 1/19(0-X7)的二级倍数

可约分数:3/23(0+X1-X8)是 2/19(1-X7)的二级倍数

可约分数:7/23(0+X3-X8)是 5/19(0+X2-X7)的二级倍数

可约分数:9/23(0+2X1-X8)是 4/19(2-X7)的二级倍数

可约分数:13/23(0+X5-X8)是 11/19(0+X4-X7)的二级倍数

可约分数:15/23(0+X1+X2-X8)是 6/19(1+X1-X7)的二级倍数

可约分数:17/23(0+X6-X8)是 13/19(0+X5-X7)的二级倍数

可约分数:19/23(0+X7-X8)是 1/19(0-X7)的二级倍数

可约分数:21/23(0+X1+X3-X8)是 10/19(1+X2-X7)的二级倍数

可约分数:1/25(0-2X2)是 1/3(0-X1)的二级倍数

可约分数:3/25(0+X1-2X2)是 1/3(0-X1)的二级倍数

可约分数:4/25(2-2X2)是 2/3(1-X1)的二级倍数

可约分数:6/25(1+X1-2X2)是 2/3(1-X1)的二级倍数

可约分数:9/25(0+2X1-2X2)是 1/3(0-X1)的二级倍数

可约分数:14/25(1-2X2+X3)是 5/6(-1-X1+X2)的二级倍数

可约分数:22/25(1-2X2+X4)是 14/15(1-X1-X2+X3)的二级倍数

可约分数:24/25(3+X1-2X2)是 1/6(-1-X1)的二级倍数

可约分数:5/27(0-3X1+X2)是 1/3(0-X1)的二级倍数

可约分数:7/27(0-3X1+X3)是 5/8(-3+X2)的二级倍数

可约分数:11/27(0-3X1+X4)是 7/8(-3+X3)的二级倍数

可约分数:13/27(0-3X1+X5)是 8/11(3-X4)的二级倍数

续图 5-9 输出可约整系数多项式表

可约分数:17/27(0－3X1＋X6)是 8/13(3－X5)的二级倍数

可约分数:19/27(0－3X1＋X7)是 8/17(3－X6)的二级倍数

可约分数:20/27(2－3X1＋X2)是 2/3(1－X1)的二级倍数

可约分数:23/27(0－3X1＋X8)是 8/19(3－X7)的二级倍数

可约分数:25/27(0－3X1＋2X2)是 1/3(0－X1)的二级倍数

可约分数:5/28(－2＋X2－X3)是 9/20(－2＋2X1－X2)的二级倍数

可约分数:3/29(0＋X1－X9)是 2/23(1－X8)的二级倍数

可约分数:7/29(0＋X3－X9)是 5/23(0＋X2－X8)的二级倍数

可约分数:9/29(0＋2X1－X9)是 4/23(2－X8)的二级倍数

可约分数:13/29(0＋X5－X9)是 11/23(0＋X4－X8)的二级倍数

可约分数:15/29(0＋X1＋X2－X9)是 6/23(1＋X1－X8)的二级倍数

可约分数:21/29(0＋X1＋X3－X9)是 10/23(1＋X2－X8)的二级倍数

可约分数:27/29(0＋3X1－X9)是 8/23(3－X8)的二级倍数

可约分数:11/30(－1－X1－X2＋X4)是 7/10(－1－X2＋X3)的二级倍数

续图 5－9　输出可约整系数多项式表

5.6　输出结果的运用分析

5.6.1　多项式对应的真分数的查找

查找多项式对应的真分数的"求解分数"功能是另一个完整的子程序,实现用户输入多项式,输出该多项式的相关真分式。程序界面设计如图 5－10 所示。

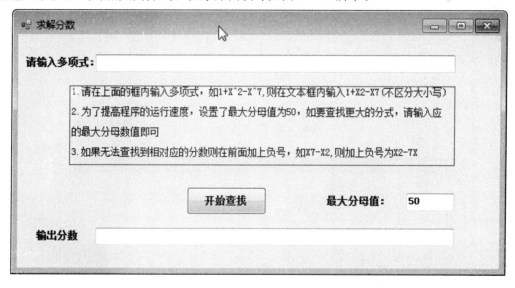

图 5－10　输入多项式界面

给定一个整系数多项式,利用本系统对其可约性作出判断必须利用对应的真分数去寻找,因此,需要先确定其真分数,想要查找到此多项式对应的真分数,运行"求解分数"程序,在图 5-10 对应的文本框中输入相对应的多项式,如 $2+x-x^7$。点击"开始查找"按钮后程序开始运算得到此多项式相对应的真分数 $\dfrac{12}{19}$,如图 5-11 所示。

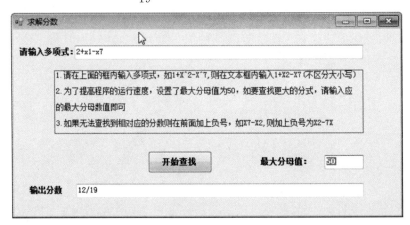

图 5-11 输出多项式对应的真分数

5.6.2 利用不可约整系数多项式表判断某个多项式的可约性

根据本研究的结果,输出的不可约整系数多项式表的顺序是按照对应的真分数的顺序排列的,直接按照多项式本身的规律在表中寻找会有困难,本系统在使用上专门设计了寻找某个多项式的功能模块,即根据多项式确定对应的真分数,按照真分数可以很快在表中找到对应的多项式。如多项式 x^6-x^5-1 对应真分数 $\dfrac{17}{26}$,即可以在本系统中输入控制数 26 实施运行,其结果马上显示找到不可约多项式 179 项,而其中 $\dfrac{17}{26}$ 对应的多项式 x^6-x^5-1 在其表中,说明多项式 x^6-x^5-1 是不可约的。

5.6.3 利用输出结果进行因式分解

在上述输出的可约多项式的清单中不仅仅输出了可约多项式本身,同时输出了多项式的因式,如图 5-12 所示。

图 5-12 可约多项式的查找

因此,如要确定多项式$-2+x^2-x^3$是否可约,若可约则它的分解式是什么就可以直接利用对应数据查找模块先查出多项式$-2+x^2-x^3$的对应真分数$\dfrac{5}{28}$,即可以在本软件系统中输入控制数 28 实施运行,其结果马上显示找到不可约多项式 169 项,而其中在可约多项式的清单中有一行显示$\dfrac{5}{28}$($-2+x^2-x^3$)是$\dfrac{9}{20}$($-2+2x-x^2$)的二级倍数。这不仅说明了多项式$-2+x^2-x^3$可约,而且将它的因式提供给使用者,由此马上得到分解式为

$$-2+x^2-x^3=(-2+2x-x^2)(1+x)$$

5.7　打　印　模　块

为了对计算结果进行更有效的分析,在程序中设计了打印模块,通过对打印机的相关设置,打印出所需的多项式结果,如图 5-13 和图 5-14 所示。

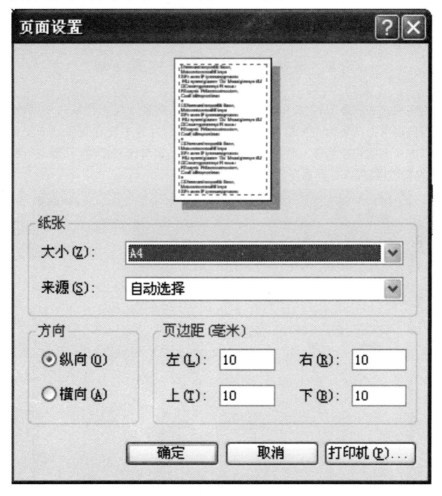

图 5-13　打印设置

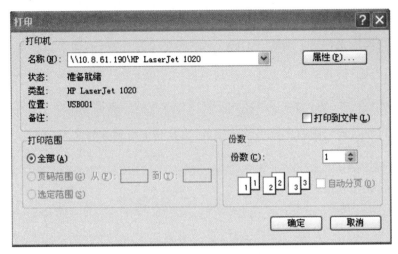

图 5-14   打印机选择

通过分母值设定,可以将上述的各种运算结果打印出来。

5.8   系统的使用说明及注意事项

"不可约多项式表制作"系统的主要功能就是用来求解数学应用领域的不可约多项式,是一个数学工具,以求得结果为主要目标,所以程序设计的过程中没有制作过于复杂的用户界面,这样可以方便大家快速掌握工具的使用方法,操作也相对比较简单,只要运行程序文件夹中的.EXE 的文件,就可以打开程序界面,如图 5-15 所示。

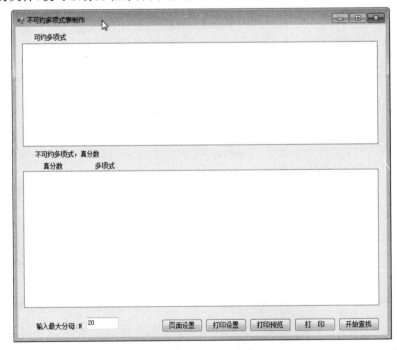

图 5-15   不可约多项式表制作程序界面

　　程序设计时,将默认的最大分母值设置为 20,通过这个数值可以设定产生的真分数与不可约多项式对的序列大小,可跟据实际需要合理设置,如图 5-16 所示(输入最大分母 50,然后再查找)。

图 5-16　输入分母的最大值

　　正因为这是一个数学计算的工具,所以把大量的设计花在了对工具的性能优化上,让程序尽可能地减少循环的次数,把一些需要进行多次处理和计算的项放到自定义函数中去,用主程序对它们进行调用,使程序的运算速度加快。由于如今的普通计算机的性能还不能达到大型数学运算的要求,所以在使用这个系统的过程中要注意不要把最大值输入得过大,否则计算机将需要更长的程序运行时间来对数据进行处理,甚至在计算机运算性能不高的情况下还可能会出现假死现象,运算速度非常慢。输入最大分母值后,点击"开始查找",程序运算并分组输出真分数与多项式的对应关系,不可约多项式表制作完成,如图 5-17 所示。

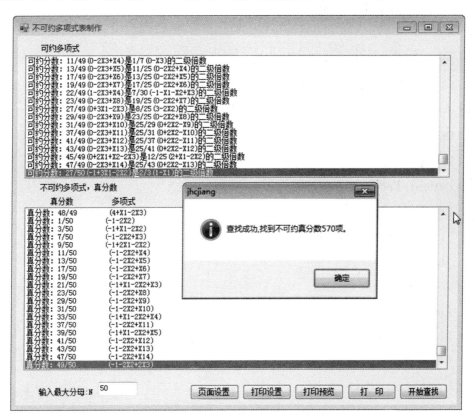

图 5-17　不可约多项式表程序运行输出

　　关于查找多项式对应的真分数,利用 5.6.1 小节中介绍的"求解分数"程序,即可方便快捷地实现。

附　　录

附录一　"不可约多项式表制作"完整的
程序源代码

(1)启动窗体 Form1,主程序。

```
Public Class Form1
    Dim uList As New Collection
    '————窗体加载事件:初始化,读入质数
    Private Sub Form1_Load(ByVal sender As System. Object,_
    ByVal e As System. EventArgs) Handles MyBase. Load
        Init() '初始化,读入质数
    End Sub
    '————"开始查找"按钮单击事件:
    Private Sub Button1_Click(ByVal sender As System. Object,_
    ByVal e As System. EventArgs) Handles Button1. Click
        Dim yy As New uMem
        Dim xx As uMem
        Button1. Enabled=False
        Label1. Visible=True
        Timer1. Enabled=True
        uList. Clear()
        ListBox1. Items. Clear()
        ListBox2. Items. Clear()
        Dim i, j As Integer
        For i=2 To CInt(TextBox1. Text)
            For j=1 To i—1
                If yy. SetDenom(i, j) Then
                    xx=yy
                    If isReal(xx) Then
                        uList. Add(xx) '真分数处理
```

```
                    ListBox2. Items. Add(xx. GetLongStr)
                    ListBox2. SelectedIndex=_
                    ListBox2. Items. Count-1
                Else
                    ListBox1. Items. Add(xx. GetLongStr)
                    ListBox1. SelectedIndex=_
                    ListBox1. Items. Count-1
                End If
                yy=New uMem
            End If
            Application. DoEvents()
        Next
    Next
    Label1. Visible=False
    Timer1. Enabled=False
    Button1. Enabled=True
    MsgBox("查找成功,找到不可约真分数" &_
    ListBox2. Items. Count & "项。",_
    MsgBoxStyle. Information)
End Sub
'————自定义函数,判断是否真分数:
Function isReal(ByRef xx As uMem) As Boolean
    Dim i As Integer=uList. Count
    Dim j As Integer
    Dim yy As uMem
    For j=1 To i
        yy=uList. Item(j)
        If xx. uDiv(yy) Then Return False
    Next
    Return True
End Function
'————窗体关闭事件:清空参数
```

```
Private Sub Form1_FormClosing(ByVal sender As Object，_

ByVal e As System. Windows. Forms. _

FormClosingEventArgs) Handles Me. FormClosing

    uList. Clear()

End Sub
```

'－－－－定时器事件:程序运行过程中的界面动态交互

```
Private Sub Timer1_Tick(ByVal sender As System. Object，_

ByVal e As System. EventArgs) Handles Timer1. Tick

    If Label1. Text＝"请稍候……" Then

        Label1. Text＝"正在查找"

    Else

        Label1. Text＝"请稍候……"

    End If

End Sub
```

'－－－－"页面设置"按钮单击事件:

```
Private Sub menpagesetup_Click(ByVal sender As_

System. Object，ByVal e As System. EventArgs) _

Handles menpagesetup. Click

    Dim pagesetup As New PageSetupDialog()

    pagesetup. Document＝PrintDoc

    pagesetup. ShowDialog()

End Sub
```

'－－－－"打印设置"按钮单击事件:

```
Private Sub menprintsetup_Click(ByVal sender As _

System. Object，ByVal e As System. EventArgs) _

Handles menprintsetup. Click

    Dim printersetup As New PrintDialog()

    printersetup. Document＝PrintDoc

    printersetup. ShowDialog()

End Sub
```

'－－－－"打印预览"按钮单击事件:

```
Private Sub menprintview_Click(ByVal sender As _
```

```
System. Object，ByVal e As System. EventArgs) _

Handles menprintview. Click

    Dim activechild As Form＝Me. ActiveMdiChild

    If Not activechild Is Nothing Then

        Dim preview As New PrintPreviewDialog()

        Me. PrintPreviewDialog1. Document＝PrintDoc

        Dim thebox As RichTextBox

        thebox＝CType(activechild. ActiveControl，_

        RichTextBox)

        line＝New System. IO. StringReader(thebox. Text)

        Try

            Me. PrintPreviewDialog1. StartPosition＝_

            FormStartPosition. CenterScreen

            Me. PrintPreviewDialog1. ShowDialog()

        Catch e1 As Exception

            MsgBox(e1. StackTrace)

        End Try

    End If

End Sub

'————"打印"按钮单击事件：

Private Sub menprint_Click(ByVal sender As _

System. Object，ByVal e As System. EventArgs) _

Handles menprint. Click

    Dim activechild As Form＝Me. ActiveMdiChild

    If Not activechild Is Nothing Then

        Dim printersetup As New PrintDialog()

        printersetup. Document＝PrintDoc

        If printersetup. ShowDialog()＝_

        DialogResult. OK Then

            Dim thebox As RichTextBox

            thebox＝CType(activechild. ActiveControl，_

            RichTextBox)
```

```
line＝New System. IO. StringReader_
(thebox. Text)    '初始化字符串流
Try
        PrintDoc. Print()
Catch e1 As Exception
        MsgBox(e1. StackTrace)
        PrintDoc. PrintController. OnEndPrint_
        (PrintDoc，e)
End Try
End If
End If
End Sub
'————自定义"页面打印"事件处理过程：
Private Sub printdoc_PrintPage(ByVal sender As _
System. Object，ByVal e As System. Drawing. _
Printing. PrintPageEventArgs) Handles PrintDoc. PrintPage
    Dim g As Graphics   '定义指向 Grapics 的指针
    Dim linesperpage As Long      '定义每页中可打印的
                                  '文本行数
    Dim current As Long   '定义打印的当前行
    Dim y As Double    '当前的纵坐标
    Dim left As Double   '定义左边距
    Dim top As Double   '定义顶边距
    Dim stroutput As String    '定义将要输出的文本
    Dim printfont As System. Drawing. Font'定义打印字体
    Dim brush As New System. Drawing. _
    SolidBrush(Color. Black)   '定义打印时使用的刷子
    Dim activechild As Form    '定义当前活动的子窗体
    Dim thebox As RichTextBox   '定义子窗体中的
                                'RICHTEXTBOX 控件
    activechild＝Me. ActiveMdiChild   '获得当前活动的
                                     'SON 窗体
```

thebox＝CType(activechild. ActiveControl,_

RichTextBox)　'获得当前活动子窗体中的控件

printfont＝thebox. Font　'获得打印的字体

g＝e. Graphics　'获得对象

left＝e. MarginBounds. Left　'设置页面的左边距

top＝e. MarginBounds. Top　'设置页面的顶边距

linesperpage＝e. MarginBounds. Height /printfont. _

GetHeight(g)－4　'设置每页将要打印的行数,顶端

　　　　　　　　'空出两行用于打印标题,底端空

　　　　　　　　'出两行用于打印注脚

y＝top　'设置打印的起始位置

'输出标题

g. DrawString(activechild. Text, printfont, brush, left, y)

'设置正文的输出位置

y＝top＋2 ＊ printfont. GetHeight(g)

'循环输出正文的每一行()

While current ＜ linesperpage

　　stroutput＝line. ReadLine()'读取将要输出的内容

　　'如果没有将要打印的内容,则中止循环

　　If Not stroutput Is Nothing Then

　　　　'计算将要输出的纵坐标的位置

　　　　y＝y＋printfont. GetHeight(g)

　　　　'输出正文

　　　g. DrawString(stroutput, printfont, brush, left, y)

　　Else

　　　　Exit While

　　End If

End While

'设置注脚的输出位置

y＝e. MarginBounds. Bottom－printfont. GetHeight(g)

g. DrawString("footer", printfont, brush,_

e. MarginBounds. Width / 2, y)　'输出注脚

'如果这一页没有打印完正文,则将属性设置为 true,

'这将再一次激发 printpage 事件

```
        If Not stroutput Is Nothing Then
            e. HasMorePages＝True
        Else
            e. HasMorePages＝False
        End If
    End Sub
End Class
```

(2)标准模块 Module1,程序中的变量、过程函数声明在这个模块中以供调用,主要实现质数处理。

```
Module Module1
    Public Const DataLen As Integer＝100
    Dim uPrime(DataLen) As Integer '用保存质数序列
    '————自定义过程,初始化,从文件中读取质数序列:
    Sub Init(Optional ByVal uFileName As String＝"cfg. ini")
        Dim i As Integer
        Dim s1 As String
        If IO. File. Exists(uFileName) Then
            s1＝IO. File. ReadAllText(uFileName)
            Dim ss() As String
            ss＝Split(s1, ",")
            For i＝0 To DataLen－1
                uPrime(i)＝ss(i)
            Next
        Else
            Find()
            Save(uFileName)
        End If
    End Sub
    '————自定义过程,查找前 N 个质数:
    Sub Find()
```

```
'查找前 N 个质数,暂设 N 为 100,
'由变量 DataLen 的值决定。
Dim uLen, k As Integer
uLen＝1
k＝3
uPrime(0)＝2
While uLen ＜ DataLen
    If isPrime(k) Then
        uPrime(uLen)＝k
        uLen＋＝1
    End If
    k＋＝2
End While
End Sub
'————自定义函数,判断是否质数:
Function isPrime(ByVal x As Integer) As Boolean
    Dim i, j As Integer
    j＝Math. Sqrt(x)
    For i＝2 To j
        If x Mod i＝0 Then Return False
    Next
    Return True
End Function
'————自定义过程,把查找到的质数序列保存到文件中,
'以提高程序运行效率:
Sub Save(ByVal uFileName As String)
    Dim i As Integer
    Dim s1 As String
    s1＝uPrime(0)
    For i＝1 To DataLen－1
        s1＝s1 & "," & uPrime(i)
    Next
```

```
        IO. File. WriteAllText(uFileName，s1)
    End Sub
    '————自定义函数，返回所建立的质数：
    Function GetPrm() As Integer() '计算分数
        Return uPrime
    End Function
End Module
```

(3)类 uMem：整系数多项式处理。

```
Public Class uMem
    '用于保存整数多项式的系数
    Dim uExp(DataLen)，uLen As Integer
    '是否为真分数 0——未初始化  1——真分数 2——可约分数
    Dim uFlag As Integer
    Dim uExp2 As String '输出字符串
    Dim uDenom，uFract As Double '保存分母和分子
    '————自定义过程，设置为未初始化：
    Public Sub New()
        uFlag＝0
    End Sub
    '————自定义函数，设置分子分母：
    Function SetDenom(ByVal Denom As Integer,_
    ByVal Fract As Integer) As Boolean
        uDenom＝Denom
        uFract＝Fract
        Return unComp()
    End Function
    '————自定义函数，求质因数：
    Function unComp() As Boolean
        Dim aa() As Integer
        aa＝GetPrm()
        Dim j，k As Double
        j＝uFract
```

```
        k＝uDenom

        Dim i，n As Integer

        i＝0

        Dim flag As Boolean

        While j＋k＞2

            n＝aa(i)

            uExp(i)＝0

            flag＝False

            While j Mod n＝0

                uExp(i)＋＝1

                j＝j \ n

                flag＝True

            End While

            While k Mod n＝0

                If flag Then Return False

                uExp(i)－＝1

                k＝k \ n

            End While

            i＝i＋1

        End While

        uLen＝i－1

        If uLen＝0 Then Return False

        Return True

    End Function

    '－－－－自定义函数,拼接字符串用于输出：

    Function GetLongStr() As String

        If uFlag＝2 Then

            Return "可约分数:" &. GetFraction() &. "(" &. _
            GetPoly() &. ")是" &. uExp2 &. "的二级倍数"

        Else

            Return "真分数:" &. GetFraction() &. " (" &. _
            GetPoly() &. ")"
```

```
        End If
End Function
'－－－－自定义函数,获得分式:
Function GetFraction() As String '获得分式
        Dim s1 As String
        If uDenom＝1 Then Return uFract
        s1＝uFract & "/" & uDenom
        Return s1
End Function
'－－－－自定义函数,获得多项式:
Function GetPoly() As String '获得多项式
        Dim s1 As String＝""
        Dim i As Integer
        s1＝uExp(0)
        For i＝1 To uLen
                If uExp(i)＝1 Then
                        s1＝s1 & "+" & "X" & i & ""
                ElseIf uExp(i)＝0 Then
                ElseIf uExp(i)＝－1 Then
                        s1＝s1 & "－" & "X" & i & ""
                ElseIf uExp(i)＞0 Then
                        s1＝s1 & "+" & uExp(i) & "X" & i & ""
                Else
                        s1＝s1 & "－" & (－uExp(i)) & "X" & i & ""
                End If
        Next
        Return s1
End Function
'－－－－自定义函数,二级倍数的多项式除法:
'多项式除法 只考虑二级倍数
Function uDiv(ByVal x As uMem) As Boolean
        Dim j, k, n As Integer
```

```
    k＝x. GetLen

    If uLen ＜＞ k＋1 Then Return False

    Dim cc() As Integer＝{0，0}

    Dim bb() As Integer＝x. GetExp

    Dim dd(uLen) As Integer

'多项式二级除法

    If k＝1 Then Return False

    n＝uExp(uLen) \ bb(k)

    dd(0)＝uExp(0)

    For j＝1 To uLen

        dd(j)＝uExp(j)－bb(j－1) * n

    Next

    cc(1)＝n

    n＝dd(k) \ bb(k)

    For j＝0 To k

        dd(j)＝dd(j)－bb(j) * n

    Next

    cc(0)＝n

    For j＝0 To uLen

        If dd(j) ＜＞ 0 Then Return False

    Next

    uExp2＝x. GetFraction & "(" & x. GetPoly & ")"

    uFlag＝2

    Return True

End Function

Function uMul(ByVal x As uMem) As uMem

    Dim bb() As Integer＝x. GetExp

    Dim i, j, k As Integer

    k＝x. GetLen

    Dim cc(uLen＋k) As Integer

    For i＝0 To uLen＋k

        cc(i)＝0
```

```
        Next
        For i＝0 To uLen
            For j＝0 To k
                cc(i＋j)＋＝uExp(i) ＊ bb(j)
            Next
        Next
        x. SetAn(cc)
        Return x
End Function
'————自定义函数,获取多项式系数的个数:
Function GetLen() As Integer
        Return uLen
End Function
'————自定义函数,获取多项式系数:
Function GetExp() As Integer()
        Return uExp
End Function
'————自定义过程,输入多项式系数:
Sub SetAn(ByVal a() As Integer) '输入多项式系数
        Dim i As Integer
        uLen＝UBound(a)
        For i＝0 To uLen
            uExp(i)＝a(i)
        Next
        Comp()
End Sub
'————自定义过程,计算分母、分子:
Sub Comp() '计算分母,分子
        Dim i, j, m, x As Integer
        Dim k, n As Double
        k＝1'分子
        n＝1'分母
```

```
        Dim aa() As Integer
        aa＝GetPrm()
        For i＝0 To uLen
            j＝uExp(i)
            m＝aa(i)
            If j＞0 Then
                For x＝1 To j
                    k＊＝m
                Next
            ElseIf j ＜ 0 Then
                For x＝1 To－j
                    n＊＝m
                Next
            End If
        Next
        uDenom＝n
        uFract＝k
    End Sub
End Class
```

附录二 "求解分数"完整的
程序源代码

(1)启动窗体 Form1,主程序。

```
Public Class Form1
    Dim uList As New Collection
    '－－－－开始查找 按钮事件
    Private Sub Button1_Click(ByVal sender As System.Object,_
    ByVal e As System.EventArgs) Handles Button1.Click
        Dim yy As New uMem
        Dim xx As uMem
        Button1.Enabled＝False
```

```
Label1. Visible=True
Timer1. Enabled=True
uList. Clear()
ListBox1. Items. Clear()
jzz=TextBox2. Text
Dim i, j As Integer
For i=2 To CInt(TextBox1. Text)
    For j=1 To i-1
        If yy. SetDenom(i, j) Then
            xx=yy
            If isReal(xx) Then
                uList. Add(xx) 真分数处理
                ListBox1. Items. Add(xx. GetLongStr)
                ListBox1. SelectedIndex=_
                ListBox1. Items. Count  -  1
            Else
                ListBox1. Items. Add(xx. GetLongStr)
                ListBox1. SelectedIndex=_
                ListBox1. Items. Count-1
            End If
            yy=New uMem
        End If
        Application. DoEvents()
    Next
Next
Label1. Visible=False
Timer1. Enabled=False
Button1. Enabled=True
TextBox3. Text=lzw
MsgBox("查找成功,一共查找了" & _
ListBox1. Items. Count & "项。", _
MsgBoxStyle. Information)
```

End Sub

'————判断 xx 是否真分数

Function isReal(ByRef xx As uMem) As Boolean

    Dim i As Integer＝uList. Count

    Dim j As Integer

    Dim yy As uMem

    For j＝1 To i

        yy＝uList. Item(j)

        If xx. uDiv(yy) Then Return False

    Next

    Return True

End Function

'————窗体关闭事件,清空列表

Private Sub Form1_FormClosing(ByVal sender As Object,_

ByVal e As System. Windows. Forms. FormClosingEventArgs_

) Handles Me. FormClosing

    uList. Clear()

End Sub

'————定时器启动

Private Sub Timer1_Tick(ByVal sender As System. Object,_

ByVal e As System. EventArgs) Handles Timer1. Tick

    If Label1. Text＝"请稍候……" Then

        Label1. Text＝"正在查找"

    Else

        Label1. Text＝"请稍候……"

    End If

End Sub

End Class

(2)标准模块 Module1,程序中的变量、过程函数声明在这个模块中以供调用,主要实现质数处理。

Module Module1

'质数序列的长度(即前 N 个质数)

```
Public Const DataLen As Integer＝100

Dim uPrime(DataLen) As Integer '用保存质数序列

Public jzz As String

Public lzw As String

'－－－－查找前 N 项质数序列

Sub Find()

    Dim uLen，k As Integer

    uLen＝1

    k＝3

    uPrime(0)＝2

    While uLen ＜ DataLen

        If isPrime(k) Then

            uPrime(uLen)＝k

            uLen＋＝1

        End If

        k＋＝2

    End While

End Sub

'－－－－自定义函数判断 x 是否为质数

Function isPrime(ByVal x As Integer) As Boolean

    Dim i，j As Integer

    j＝Math. Sqrt(x)

    For i＝2 To j

        If x Mod i＝0 Then Return False

    Next

    Return True

End Function

'－－－－保存质数序列到文件 cfg. ini 中

Sub Save(ByVal uFileName As String)

    Dim i As Integer

    Dim s1 As String

    s1＝uPrime(0)
```

```
        For i＝1 To DataLen－1
            s1＝s1 & "," & uPrime(i)
        Next
        IO. File. WriteAllText(uFileName，s1)
    End Sub
    '————读取 cfg. ini 文件中的质数序列,不存在则重新生成
    Sub Init(Optional ByVal uFileName As String＝"cfg. ini")
        Dim i As Integer
        Dim s1 As String
        If IO. File. Exists(uFileName) Then
            s1＝IO. File. ReadAllText(uFileName)
            Dim ss() As String
            ss＝Split(s1，",")
            For i＝0 To DataLen－1
                uPrime(i)＝ss(i)
            Next
        Else
            Find()
            Save(uFileName)
        End If
    End Sub
    '————计算分数,返回质数序列
    Function GetPrm() As Integer()
        Return uPrime
    End Function
End Module
```

(3)类 uMem:整系数多项式处理。

```
Public Class uMem
    '用于保存整数多项式的系数
    Dim uExp(DataLen)，uLen As Integer
    '是否为真分数 0——未初始化  1——真分数  2——可约分数
    Dim uFlag As Integer
```

```
Dim uExp2 As String
Dim uDenom，uFract As Double '保存分母和分子
'————获得多项式
Function GetPoly() As String
    Dim s1 As String＝""
    Dim i As Integer
    s1＝uExp(0)
    For i＝1 To uLen
        If uExp(i)＝1 Then
            s1＝s1 & "＋" & "X" & i & ""
        ElseIf uExp(i)＝0 Then
        ElseIf uExp(i)＝－1 Then
            s1＝s1 & "－" & "X" & i & ""
        ElseIf uExp(i)＞0 Then
            s1＝s1 & "＋" & uExp(i) & "X" & i & ""
        Else
            s1＝s1 & "－" & (－uExp(i)) & "X" & i & ""
        End If
    Next
    Return s1
End Function
'————获得分式
Function GetFraction() As String '获得分式
    Dim s1 As String
    If uDenom＝1 Then Return uFract
    s1＝uFract & "/" & uDenom
    Return s1
End Function
'————计算分母、分子
Sub Comp() '计算分母、分子
    Dim i，j，m，x As Integer
    Dim k，n As Double
```

```
        k＝1'分子
        n＝1'分母
        Dim aa() As Integer
        aa＝GetPrm()
        For i＝0 To uLen
            j＝uExp(i)
            m＝aa(i)
            If j＞0 Then
                For x＝1 To j
                    k＊＝m
                Next
            ElseIf j ＜ 0 Then
                For x＝1 To－j
                    n＊＝m
                Next
            End If
        Next
        uDenom＝n
        uFract＝k
End Sub
'－－－－多项式除法 只考虑二级倍数
Function uDiv(ByVal x As uMem) As Boolean
        Dim j, k, n As Integer
        k＝x. GetLen
        If uLen ＜＞ k＋1 Then Return False
        Dim cc() As Integer＝{0, 0}
        Dim bb() As Integer＝x. GetExp
        Dim dd(uLen) As Integer
        '多项式二级除法
        If k＝1 Then Return False
        n＝uExp(uLen) \ bb(k)
        dd(0)＝uExp(0)
```

```
    For j=1 To uLen
        dd(j)=uExp(j)-bb(j-1) * n
    Next
    cc(1)=n
    n=dd(k) \ bb(k)
    For j=0 To k
        dd(j)=dd(j)-bb(j) * n
    Next
    cc(0)=n
    For j=0 To uLen
        If dd(j) <> 0 Then Return False
    Next
    uExp2=x. GetFraction & "(" & x. GetPoly & ")"
    uFlag=2
    Return True
End Function
'————自定义函数,获取多项式系数:
Function GetExp() As Integer()
    Return uExp
End Function
'————自定义函数,获取多项式系数的个数:
Function GetLen() As Integer
    Return uLen
End Function
'————自定义函数,求质因数:
Function unComp() As Boolean
    Dim aa() As Integer
    aa=GetPrm()
    Dim j, k As Double
    j=uFract
    k=uDenom
    Dim i, n As Integer
```

```
        i＝0
    Dim flag As Boolean
    While j＋k＞2
        n＝aa(i)
        uExp(i)＝0
        flag＝False
        While j Mod n＝0
            uExp(i)＋＝1
            j＝j ＼ n
            flag＝True
        End While
        While k Mod n＝0
            If flag Then Return False
            uExp(i)－＝1
            k＝k ＼ n
        End While
        i＝i＋1
    End While
    uLen＝i－1
    If uLen＝0 Then Return False
    Return True
End Function
'－－－－自定义函数，设置分子分母：
Function SetDenom(ByVal Denom As Integer，ByVal Fract_
As Integer) As Boolean
    uDenom＝Denom
    uFract＝Fract
    Return unComp()
End Function
'－－－－生成多项式对应的分数以输出
Function GetLongStr() As String
    If UCase(GetPoly()) ＜＞ UCase(jzz) Then
```

```
        Return ""
    Else
        lzw=GetFraction()
        Return "多项式对应的分数为:" & GetFraction()
    End If
End Function
'————自定义过程,设置为未初始化:
    Public Sub New()
        uFlag=0
    End Sub
End Sub
End Class
```

附录三 Kronecker 方法实现整系数多项式的因式分解问题

在有理数域上讨论整系数多项式的可约性问题有下述定理。

定理 1 （Kronecker） 设整系数多项式为

$$f(x)=a_n x^n+a_{n-1} x^{n-1}+\cdots+a_1 x+a_0$$

则在有理数域上总可以经有限步分解成不可约因式的乘积。

现在用数学归纳法对该定理进行证明。

证明 $n=1$ 时 $f(x)$ 已经是不可约的,命题成立。

假设定理对 $k(<n)$ 次多项式是成立的,下面证明对 n 次多项式命题也成立。

如果 n 次多项式 $f(x)$ 不可约,命题已经成立;如果 n 次多项式 $f(x)$ 可约,那么,存在整系数多项式,有

$$g(x)=b_s x^s+b_{s-1} x^{s-1}+\cdots+b_1 x+b_0$$
$$h(x)=c_t x^t+c_{t-1} x^{t-1}+\cdots+c_1 x+c_0$$

使

$$f(x)=g(x)h(x)$$

其中,$0<\partial^0 g(x)<n$ $0<\partial^0 h(x)<n$〔$\partial^0 g(x)$ 表示 $g(x)$ 的次数,$\partial^0 h(x)$ 表示 $h(x)$ 的次数〕。

在 s,t 中必有一个小于或等于 $\left[\dfrac{n}{2}\right]$,不妨设 $s=\left[\dfrac{n}{2}\right]$,显然 $\partial^0 g(x)\leqslant s$,于是 $g(x)$ 总可以选取 $s+1$ 个点利用 Lagrange 插值方法得到,任选 $s+1$ 个互不相同的整数 $d_0,d_1,\cdots,d_s$,则有

$$f(d_i) = g(d_i)h(d_i)(i=0,1,\cdots,s)$$

说明 $g(d_i) \mid f(d_i)(i=0,1,\cdots,s)$，由于这是 $g(x) \mid f(x)$ 的必要条件,所以,$g(x)$ 必在下面可能因式的集合之内,即

$$\left\{ c \sum_{i=0}^{s} \left(y_i \prod_{\substack{j=0 \\ j \neq i}}^{s} \frac{x-d_j}{d_i-d_j} \right) \ \middle| \ y_i \mid f(d_i) \ , i=0,1,\cdots,s \right\}$$

其中,c 为一个适当的有理数,使集合中的多项式均为本原多项式。

由于对每个 $f(d_i)$ 的因数个数是有限的,从而对选定的 $s+1$ 个点 $d_0, d_1, \cdots, d_s$ 来说,上述集合中的多项式个数也是有限的,从而 $g(x)$ 必可经有限步运算求得。又因为 $0 < \partial^0 g(x) < n$, $0 < \partial^0 h(x) < n$,据归纳假设 $g(x), h(x)$ 的有理分解可经有限步运算完成。因此,$f(x)$ 的有理分解必可以在有限步下求得全部有理因式。证毕。

例 1　在有理数域上分解

$$f(x) = x^5 - x^4 - 2x - 1$$

为不可约因式之积。

解　用定理 1,因为 $n=5$,总可以设可能因式为

$$g(x) = b_2 x^2 + b_1 x + b_0$$

选取 $a_0 = 0, a_1 = 1, a_2 = -1$,用拉格朗日插值公式确定。由于 $f(a_0) = f(0) = -1$ 的因数是 ± 1, $f(a_1) = f(1) = -3$ 的因数是 $\pm 1, \pm 3$, $f(a_2) = f(-1) = -1$ 的因数是 ± 1,所以 $g(x)$ 的可能因式有 $2 \times 4 \times 2 = 16$ 个,分别确定如下:

(1) 取 $y_0 = 1, y_1 = 1, y_2 = 1$,则

$$g_1(x) = \frac{(x-1)(x+1)}{(0-1)(0+1)} + \frac{(x-0)(x+1)}{(1-0)(1+1)} +$$

$$\frac{(x-0)(x-1)}{(-1-0)(-1-1)} = 1$$

显然不是 $f(x)$ 的不可约因式。

(2) 取 $y_0 = 1, y_1 = 1, y_2 = -1$,则

$$g_2(x) = \frac{(x-1)(x+1)}{(0-1)(0+1)} + \frac{(x-0)(x+1)}{(1-0)(1+1)} -$$

$$\frac{(x-0)(x-1)}{(-1-0)(-1-1)} = -x^2 + x + 1$$

取 $g(x) = x^2 - x - 1$,经检验 $g(x) \mid f(x)$,则

$$f(x) = (x^2 - x - 1)(x^3 + x + 1)$$

至此,已经求得 $f(x)$ 的一个分解式,且容易判定 $g(x) = x^2 - x - 1$ 在有理数域上不可约,接着可对 $h(x) = x^3 + x + 1$ 继续上面的工作,但若 $h(x) = x^3 + x + 1$ 在有理数域上可约,必有有理根,而很容易确定 $h(x)$ 没有有理根,因而 $h(x)$ 已经是不可约的,从而

$$f(x) = (x^2 - x - 1)(x^3 + x + 1)$$

是标准分解式。

从上述定理的证明和例子可以看出，利用 Kronecker 方法虽然具有通用性，但不太具有实用性，就以本例来说，需通过逐个计算的办法求 $g(x)$，工作量非常大。假如给出的多项式是一个不可约的，例如

$$f(x) = x^7 - 14x^5 + 49x^3 - 36x - 1$$

找不到一个切实有效的手段确定它的可约性的时候，只有用 Kronecker 方法来计算，此时，可能因式设为

$$g(x) = b_3 x^3 + b_2 x^2 + b_1 x + b_0$$

选 $a_0 = 0$，$a_1 = 1$，$a_2 = -1$，$a_3 = 2$，则有

$$f(a_0) = f(0) = -1，有因数 \pm 1$$

$$f(a_1) = f(1) = -1，有因数 \pm 1$$

$$f(a_2) = f(-1) = -1，有因数 \pm 1$$

$$f(a_3) = f(2) = -1，有因数 \pm 1$$

那么 $f(x)$ 的可能因式共有 16 个需逐一求得并检验均非因式后，最终确定 $f(x)$ 是不可约的，可以想象具体工作是困难的，但这些工作均可以通过计算机加以完成，下面对这一工作作具体介绍。

1. 程序设计的理论依据

定理 2　一个次数大于零的整系数多项式在有理数域与整数环上可约性相同。

定理 3　设整系数多项式

$$f(x) = a_n x^n + a_{n-1} x^{n-1} + \cdots + a_1 x + a_0$$

存在本原多项式

$$g(x) = b_s x^s + b_{s-1} x^{s-1} + \cdots + b_1 x + b_0$$

其中，$(b_0, b_1, \cdots, b_s) = 1$，满足

$$f(x) = g(x)h(x)$$

那么 $h(x)$ 必定是一个整系数多项式。

有了定理 2 和定理 3，利用定理 1 的 Kronecker 方法，在计算机运算过程中将不会出现非整数运算，这就从理论上保证了程序运行的结果是确定的。

2. 程序设计思想

利用计算机进行因式分解的主体思想就是利用计算机能在短时间内进行大量数据处理的特点，依据需要分解的多项式次数、系数等特征对多项式的可能因式逐个加以确定和判断，不断地进行肯定与否定的工作，最后求得全部不可约因式。

为使上述思想得以实现，在程序设计时必须将多项式的可能因式的信息进行处理，将之纳入计算机的"能力"范围，主要步骤如下：

（1）化有理系数多项式为整系数多项式。

多项式可能因式的确定主要是依据整数因数的个数是有限的这一特征，因此，首先必须将有理系数多项式转化成整系数多项式，根据上述定理 2，将有理数域上的多项式环 $Q(x)$ 上的因式分解问题转化成整数环 $Z(x)$ 上的因数分解问题。这并不会改变因式范围，从而使程序设计可以在 $Z(x)$ 上进行。

（2）可能因式的确定。

设

$$f(x) = a_n x^n + a_{n-1} x^{n-1} + \cdots + a_1 x + a_0 \tag{1}$$

其中 $a_0, a_1, \cdots, a_n \in \mathbf{Z}$（整数环），$a_0 \neq 0$，$n$ 为非负整数。若 $g_1(x)$ 为 $f(x)$ 的因式，即满足

$$f(x) = g_1(x) q_1(x) \tag{2}$$

那么总可以假设 $\partial^0 g_1(x) \leqslant s = \left[\dfrac{n}{2}\right]$。不妨设

$$g_1(x) = b'_s x^s + b'_{s-1} x^{s-1} + \cdots + b'_1 x + b'_0 \tag{3}$$

根据上述定理 1，式（3）可由拉格朗日插值公式

$$g_1 = \sum_{i=0}^{s} \left(y_i \prod_{\substack{j=0 \\ j \neq i}}^{s} \frac{x - d_j}{d_i - d_j} \right) \tag{3'}$$

加以确定。式（3'）中，d_i 是任意选定的互不相同的整数；y_i 为 $f(d_i)$ 的因数，$i = 0, 1, \cdots, s$。为了减少运算次数，简化程序，对 $f(x)$ 的每一个可能因式可以固定 $s+1$ 个整数的选取。

步骤（2）程序中主要变量说明：

ys_z：长整型变量，存放所有表达式值的因数个数的最大值。

ys_h：长整型变量，存放最多有多少组因数组合。

dxsz：长整型变量，存放某个多项式的值。

yinshu()：字符串数组变量，存放某个因数。

yszh()：字符串数组变量，存放一定形式的多组因数。

yszhs：长整型变量，存放最多有多少组因数组合。

fenhu()：长整型数组变量，存放 Lagrange 插值公式中每一项的分母部分。

此部分用 VB 程序在计算机中的实现（主要代码说明）：

· 程序功能：取 s+1 个互不相同的整数存放于数组 d(n) 中。

S＝Int(n/2)

d(0)＝0

For i＝1 To s−1 Step 2

　　d(i)＝(i+1)/2；d(i+1)＝−d(i)

Next i

If s＜＞ Int(s/2) * 2 Then d(s)＝(s+1)/2

·程序功能:求出 $s+1$ 个 $f(d_i)$,将 $f(d_i)$ 的所有因数存入数组 k(s,m)中,每组有 b(j)(j $=0,\cdots,s$)个元素,从每组中取出一个因数(共 $s+1$ 个数,用以代入 Lagrange 插值公式确定一个 $g_1(x)$),把所有可能的因数组合列出,用数组 yszh(ys_h)保存成字符串形式。

ys_z=0

ys_h=1

For j=0 To s

  b(j)=-1:t=1

  dxsz=y(j) '将表达式值赋给变量 dxsz

For i=1 To dxsz

'如果 i 是表达式值的因数,则保存在数组 k(s,m)中

  If dxsz/i=Int(dxsz/i) Then

    b(j)=b(j)+2

    k(j, b(j))=i

    k(j,b(j)+1)=-i

  End If

Next I

'b(j)是表达式值 y(j)的因数个数

b(j)=b(j)+1

'ys_z 是数组 b(j)中各元素的最大值

If ys_z <b(j) Then ys_z=b(j)

ys_h=ys_h * b(j)

Next j

If h<>1 Then

  ReDim yinshu(ys_z) As String, yszh(ys_h) As String,

  yscz(ys_h) As String

End If

'把所有可能的因数组合列出,用数组 yszh(ys_h)保存成字符串形式

'For i=1 To b(0)

  yszh(i)=CStr(k(0, i))

Next i

c=0:t=1

t＝t＊b(c):c＝c＋1

do

    yszhs＝0

    For i＝1 To b(c)

        yinshu(i)＝CStr(k(c, i))

        For j＝1 To t

            yszhs＝yszhs＋1

            yscz(yszhs)＝yszh (j)＋", "＋yinshu (i)

        Next j

    Next i

    For i＝1 To yszhs:yszh (i)＝yscz(i):Next i

    t＝t＊b(c):c＝c＋1

Loop until c＞s

·程序功能:求出拉格朗日公式中每一项的分母部分存放于数组 fenmu(j)(j＝0,…, s)中。

For j＝0 To s

    fenmu(j)＝1

    For i＝0 To s

        If i＜＞j Then

            fenmu(j)＝fenmu(j)＊(d(j)－d(i))

        End If

    Next i

Next j

(3)对可能因式的处理。

由式$(3')$得到的多项式$g_1(x)$的可能情况是:

1) $g_1(x)＝0$ 或$g_1(x)＝c\neq0$(为一个零次多项式);

2)$\partial^0 g_1(x)＞0$且$g_1(x)\notin Z(x)$,即为一个非整系数多项式。

对 1)的情况讨论可约性时可以不加考虑,而$g_1(x)$属 2)的情况,则在式$(3')$中需进行处理,如必须防止除法运算的进行等,得到一个与$g_1(x)$只相差一个零次因式的本原多项式

$$g(x)＝b_s x^s＋b_{s-1} x^{s-1}＋\cdots＋b_1 x＋b_0 \tag{4}$$

步骤(3)的流程图如附图1所示。

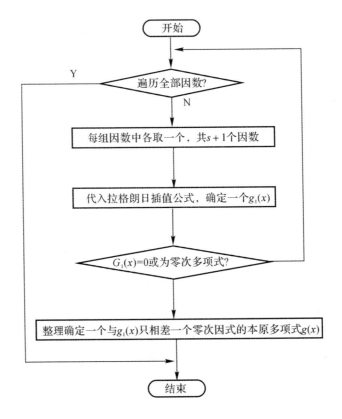

附图1　步骤(3)流程图

此部分用 VB 程序在计算机中的实现(主要代码说明)：

程序中主要变量说明：

yzys：字符型变量,存放一组因数组合。

yszh( )：字符型数组变量,存放所有因数组合。

ys_len：长整型变量,存放变量 ysys 的长度。

yssz( )：长整型数组变量,存放某个因数值

fenmu( )：长整型数组变量,存放 Lagrange 插值公式中每一项的分母部分。

gys：长整型变量,存放任意个整数的公约数。

g_xs( )：长整型数组变量,存放 g(x) 的系数。

程序如下：

变量 1<=dd<=yszhs,yszh(dd)是任一组因数组合

yzys＝yszh（dd）

For j＝0 To s

　　　　ys_len＝Len（yzys）

'取 yzys 中左边起第一个因数

yssz(j)＝Val(yzys)

'第一个因数的字符长度

L＝Len(CStr(yssz(j)))

'剩余因数及逗号的字符长度

ys_len＝ys_len－L－1

If ys_len ＜＝0 Then

  Exit For

Else

  '取剩余因数,循环取出各因数用数组 yssz(j)保存

  yzys＝Right(yzys，ys_len)

End If

Next j

For j＝0 To s

  x1＝1

  '循环相乘,求出拉格朗日公式中 s 项分母的积

  For r＝0 To s

    If r＜＞j Then

      x1＝x1 * fenmu(r)

    End If

  Next r

  yssz(j)＝x1 * yssz(j)

  For r＝0 To s：x(j，r)＝yssz(j) * k(j，r)：Next r

Next j

Redim g_xs(n) As long

'初步求 g(x)的各系数,用数组 g_xs(i)保存

For i＝0 To s

  g_xs(i)＝0

  For j＝0 To s：g_xs(i)＝g_xs (i)＋x(j，i)：Next j

Next i

'求 g(x)系数的最大公因数

Call zdys

If gys＝0Then Exit Do

For i＝0 To s

　　If i/2＝Int（i/2）Then

　　　　g_xs(i)＝g_xs(i)/gys

　　Else

　　　　g_xs(i)＝－g_xs(i)/gys

　　End If

Next i

Dim wAs Long

'确定一表达式 g(x),需判断是否整除于 f(x)

For i＝0 To Int((s－1)/2)

　　w＝g_xs(i)

　　g_xs(i)＝g_xs(s－i)

　　g_xs(s－i)＝w

Next i

以上程序功能:将数组 yszh(ys_h)保存的表达式的因数组合取出并代入拉格朗日插值公式,结合前面求出的各个部分的值,从而确定一个 $g_1(x)$,然后对 $g_1(x)$ 处理后得到一个与 $g_1(x)$ 只相差一个零次因式的本原多项式 $g(x)$。

(4)多项式因式的计算机判定与比较。

判定由式(4)给出的多项式 $g(x)$ 是否为 $f(x)$ 的因式,亦即是否能找到整系数多项式

$$q(x)=c_t x^t+c_{t-1} x^{t-1}+\cdots+c_1 x+c_0 \tag{5}$$

满足

$$f(x)=g(x)q(x) \tag{6}$$

需先求得 $\partial^0 g(x)$。不失一般性,设 $b_s \neq 0$,即 $\partial^0 g(x)=s$,那么 $t=n-s$,式(6)为

$$f(x)=g(x)(c_{n-s} x^{n-s}+c_{n-s-1} x^{n-s-1}+\cdots+c_1 x+c_0) \tag{7}$$

记 $f_k(x)=g(x)(c_{n-s-k} x^{n-s-k}+c_{n-s-k-1} x^{n-s-k-1}+\cdots+c_1 x+c_0)$,$k=1,2,\cdots,n-s$,则式(7)为

$$F(x)=c_{n-s} x^{n-s}g(x)+f_1(x) \tag{8}$$

定理 3 说明,若 $c_{n-s}=a_n \mid b_s \notin \mathbf{Z}$,即 $g(x)$ 不整除 $f(x)$,则可进一步对 $f_1(x)$ 重复上面的工作,当一直能重复到第 $n-s+1$ 次得到 $f_{n-s+1}(x) \neq 0$ 时,必有 $g(x)$ 不整除 $f(x)$,只有当重复到第 $k(1 \leqslant k \leqslant n-s)$ 次,当 $c_{n-s-k+1} \in \mathbf{Z}$,且 $f_k(x)=0$ 时,才能断定 $g(x) \mid f(x)$。

当 $g(x) \mid f(x)$ 时,为了保证输出因式是不可约的,同时再对其商式加以判定或继续分解,必须让计算机对各个因式进行比较及判断以决定下一步的工作。

步骤(4)的流程图如附图 2 所示。

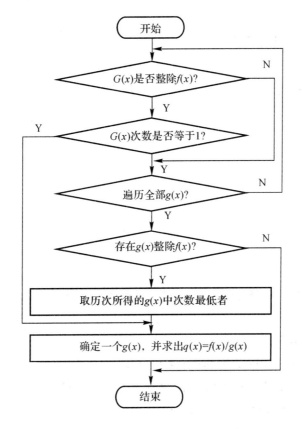

附图 2　步骤(4)流程图

步骤(4)程序中主要变量说明:

g_xs( ):长整型数组变量,存放 $g(x)$ 的系数。

g_cs:整型变量,存放 $g(x)$ 的次数。

f_cs:整型变量,存放 $f(x)$ 的次数。

f_xs( ):整型数组变量,存放 $f(x)$ 的系数。

gcs:整型变量,存放能整除于 $f(x)$ 的 $g(x)$ 的次数。

q_xs:长整型数组变量,存放 $q(x)$ 的系数。

e( ):长整型数组变量,存放 $g(x)$ 的系数,用于打印表达式 $g(x)$ 的子程序。

此部分用 VB 程序在计算机中的实现(主要代码说明):

程序如下:

```
For i＝sTo 0 Step－1
    If g_xs (i)＜＞0 Then Exit For
Next i
If i＜＝0Then Exit Do
```

取表达式 g(x)的最高次数值

g_cs＝i

'取表达式 f(x)的最高次数值

f_cs＝n

'循环取出 f(x)的系数

ReDim f_xs(n) As long

For i＝0 To n

    f_xs(i)＝a(i)

Next i

For i＝0 To n

    v(i)＝0

    d(i)＝f_xs(i)

Next i

'如果 g(x)次数大于 f(x)的次数,则 g(x)一定不整除 f(x)

line:

If g_cs＞f_csThen Exit Do

csc＝f_cs－g_cs:v(csc)＝d(f_cs)/g_xs(g_cs)

'如果最高次项的系数不是整数倍关系,则 g(x)一定不整除 f(x)

If v(csc)＜＞int(v(csc)) Then Exit Do

For i＝f_cs To csc Step－1

    d(i)＝d(i)－v(csc) * g_xs(i－csc)

Next i

'判断 g(x)是否整除 f(x)

For i＝f_cs To 0 Step－1

    If d(i)＜＞0 Then f_cs＝i:goto line

Next i

'如果求得的不是次数最低的因式 g(x),则退出循环

If g_cs＞＝gcs Then Exit Do

'确定次数最低的因式 g(x),给变量 h 赋值用以判断 f(x)是否可约

gcs＝g_cs:h＝1

ReDimq_xs(n) As long

'e(i)用于输出表达式的子过程中

'确定表达式 q(x){q(x)＝f(x)/g(x)}

If g_xs(gcs)＜0 Then

    For i＝0 To gcs:e(i)＝－g_xs(i):Next i

    For i＝0 To n－gcs:q_xs(i)＝－v(i):Next i

Else
　　For i＝gcs To 0 Step－1:e(i)＝g_xs(i):Next i
　　For i＝n－gcs To 0 Step－1:q_xs(i)＝v(i):Next i
End If

以上程序功能:判断上述求出的 $g(x)$ 是否整除 $f(x)$,如果不整除则回到主循环,取出另一种因数组合,重新求 $g(x)$ 再进行是否整除的判断;如果整除则确定 gxs(i) 是 $g(x)$ 的系数,gcs 是 $g(x)$ 的次数,qxs(i) 是 $q(x)$ 的系数,$n-c$ 是 $q(x)$ 的次数,然后回到主循环,取出另一种因数组合,重复上述操作,求出所有因式中次数最低的因式 $g(x)$,确定其为 $f(x)$ 的一个因式。再将 $q(x)$ 赋给 $f(x)$,重复分解操作,直到表达式不可分解为止。

3. 程序设计与使用说明

根据上述程序设计思想,程序的编制主要是由多项式式(1)来确定多项式式(4),然后根据式(8)判断式(4)是否为式(1)的因式。整个程序的流程图如附图 3 所示。

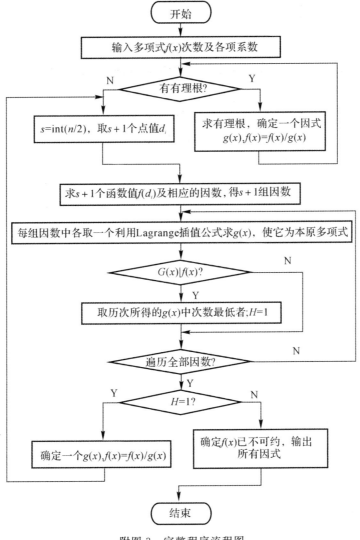

附图 3　完整程序流程图

整个程序由一个主程序和若干个子程序构成,其功能和一些关系简单介绍如下:

子程序1:根据用户输入的表达式f(x)确定各系数及最高次数的值。

子程序2:求出多项式$f(x)$的有理根,并确定相应的一个一次因式$g(x)$,然后以$g(x)$除$f(x)$所得的商作为$f(x)$返回,在子程序中加了一个控制指标,以便由主程序决定是否需继续使用该子程序。

子程序3:专门用于多项式根与系数关系式的计算,该子程序是根据式(3′)需展开为一个形式为s次的多项式$g_1(x)$即式(3)而设计的,子程序巧妙地采用递归算法,解决了任意个一次因式连乘积展开为一个多项式的棘手问题,为求得$g_1(x)$解决了关键的问题。

子程序4:求任意个整数的最大公因数,这是为要求$g(x)$是本原多项式而专门设计的。

子程序5:计算多项式的函数值,整个程序中要多次计算多项式在某点的函数值,特设计该子程序调用。

子程序6:错误处理,当程序运行出错时,为了避免中断程序及方便提示用户,程序弹出对话框显示错误号及错误描述。

主程序将上述子程序连接成一个完整的程序系统。

程序在VB环境中编写,随着输入的多项式的次数n的变大以及求得的$s+1$个函数值的因数个数的增多,要处理的数据量会急剧增加,因此,某些次数很高或函数值很大的多项式分解会受到机器内存的限制,但就程序设计来说,彻底解决了整系数多项式的有理分解问题。

使用本程序,参考界面上的使用说明,按规定形式输入表达式,单击"分解表达式"按钮就可得到它的有理分解式,如果输出的仍为原多项式,就说明该多项式不可约。

源程序代码:

```
Option Explicit
Private s As Integer
Private n As Integer
Private r AsDouble
Private t As Long
Private bs As String
Private fs As String
Private i AsDouble
Private j As Long
Private h As Integer
Private pl As Long
Private m As Double
Private cAs Long
Private yl As Double
Private f_cs As Long
```

```
Private g_cs As Integer
Private x1 As double
Private csc As Integer
Private x2 As Long
Private yszhs As Long
Private dd AsLong
Private fl As Integer
Private gys As Double
Privateq As Double
Private qqq As Integer
Private ys_z As Long
Private ys_ h As Long
Private dxsz As Long
Private gcs As Integer
Private yinshu( )As String
Private yszh( )As String
Private yscz( ) As String
Private d() As Double
Private f() As Double
Private yssz( )As Double
Private y( ) As Long
Private fenmu( ) As Long
Private x() As Double
Private k() As Long
Private b() As Double
Private g_xs( ) As Long
Private bbb( ) As Long
Private a( ) As Long
Private f_xs( )As Long
Private v() As Double
Private q_xs( )As Long
Private e( ) As Long


Private Sub Command_fenj_Click( )
    Mouse Pointer＝13
```

```
On Error GoTo errhandle
s=0
n=0
r=0
t=0
i=0
j=0
h=0
p1=0
m=0
c=0
y1=0
f_cs=0
g_cs=0
x1=0
x2=0
yszhs=0
dd=0
f1=0
gys=0
q=0
ys_z=0
ys_h=0
dxsz=0
gcs=0
csc=0
Text2. Text=""
bs="":fs=""|
qqq=0
Dim csbds As String
csbds=Trim(Text1. Text)
If csbds="" Then
    MsgBox("请输入你要分解的表达式!")
    Exit Sub
End If
```

```
fenjie csbds
ReDim e(n) As Long
ReDim bbb(n) As Long
p1=n
For i=0 To n
e(i)=a(i)
If n=0 Then
    fs=cstr(e(n))
    Text2. Text=cstr(e(n))
    qqq=0
    GoTo line14
End If
If e(n)>0 Then
    Call daybds
Else
    Call daybds2
End If
If e(n)=0 Then
    bs=0
End If
Text2. Text=bs
For i=0 To n
    bbb(i)=a(i)
Next
Call zdys2
If gys>1 Then
    For i=0 To n
        a(i)=bbb(i)/gys
    Next
    fs=fs+CStr( gys)
End If
line7：
If n <1 Then
    GoTo line14
End If
```

```
If n＝1 Then
    p1＝n
    For i＝0 To n
        e(i)＝a(i)
    Next
    Call daybds
    fs＝fs＋"("＋bs＋")"
    GoTo line14
End If
If a(0)＝0 Then
    Call qg1
    GoTo line7
End If
If a(n)＝1 Then
    ReDim v(n) As Double
    Call qg2
    If f1＝1 Then GoTo line7
End If
s＝Int(n/2)
If h＜＞1 Then
    ReDim d(n) As Double
    ReDim f(s) As Double
    ReDim yssz(s) As Double
    ReDim y(s) As Long
    ReDim fenmu(s)sAs Long
    ReDim x(s,s) As Double
End If
d(0)＝0
For i＝1 To s－1 Step 2
    d(i)＝(i＋1)/2;d(i＋1)＝－d(i)
Next i
If s＜＞Int(s/2) * 2 Then d(s)＝(s＋1)/2
m＝0
For t＝0 To s
    c＝d(t)
```

```
            Call qz
            y(t)＝Abs(y1)
            If m＜y(t) Then m＝y(t)
        Next t
        If h＜＞1Then
        If m ＜s Then m＝s
        If m ＜8 Then m＝8
        If m ＞1000 Then m＝1000
        ReDim k(s, m) As Long
        ReDim b(m) As Double
End If
ys_z＝0
ys_h＝1
For j＝0 To s
    b(j)＝－1:t＝1
    dxsz＝y(j)
    For i＝1 To dxsz
        If dxsz/i＝Int(dsz/i) Then
            b(j)＝b(j)＋2
            k(j,b(i))＝i
            k(j,b(j)＋1)＝－i
        End If
    Next i
    b(j)＝b(j)＋1
    If ys_z＜b(j) Then ys_z＝b(j)
    ys_h＝ys_h ＊ b(j)
Next j
If h＜＞1 Then
    ReDim yinshu(ys_z) As String,_
    yszh(ys_h) As String, yscz(ys_h) As String
End If
For i＝1 To b(0)
    yszh(i)＝CStr(k(0,i))
Next i
c＝0:t＝1
```

```
      t＝t＊b(c):c＝c＋1
Do
      yszhs＝0
      For i＝1 To b(c)
            yinshu(i)＝CStr(k(c,i))
            For j＝1 To t
                yszhs＝yszhs＋1
                yscz(yszhs)＝yszh(j)＋","＋yinshu(i)
            Next j
      Next i
      For i＝1 To yszhs:yszh(i)＝yscz(i):Next i
      t＝t＊b(c):c＝c＋1
Loop Until c＞s
For j＝0 To s
      fenmu(j)＝1
      For i＝0 To s
            If i＜＞j Then
                fenmu(j)＝fenmu(j)＊(d(j)－d(i))
            End If
      Next i
Next j
For j＝0 To s
      For i＝0 To s－1
            If i ＞＝j Then
                e(i＋1)＝d(i＋1)
            Else
                e(i＋1)＝d(i)
            End If
      Next i
      Call zhk
      For i＝0 To s
            k(j,i)＝v(i)
      Next i
   Next j
      dd＝0:h＝0:gcs＝s＋1
```

```
            dd＝dd＋1
Do While(dd ＜yszhs )
    Do
            Dim yzys As String
            Dim ys_len As Long，l As Long
            yzys＝yszh( dd)
            For j＝0 To s
                ys_len＝Len(yzys)
                yssz(j)＝Val(yzys)
                l＝Len(CStr(ysz(j)))
                ys_len＝ys_len－l－1
                If ys_len＜＝0 Then
                    Exit For
                Else
                    yzys＝Right(yzys,ys_len)
                End If
            Next j
        For j＝0 To s
            x1＝1
            For r＝0 To s
                If r＜＞j Then
                    x1＝x1 * fenmu(r)
                End If
                Next r
            yssz(j)＝x1 * yssz(j)
            For r＝0 To s:x(j, r)＝yssz(j) * k(j,r):Next r
        Next j
            ReDim g_xs(n) As Long
            For i＝0 To s
                g_xs(i)＝0
                For j＝0 To s:g_xs(i)＝g_xs(i)＋x(j,i):Next j
        Next i
    Call zdys
    If gys＝0 Then Exit Do
    For i＝0 To s
```

```
    If i/2＝Int(i/2)Then
        g_xs(i)＝g_xs(i)/gys
    Else
        g_xs(i)＝－g_xs(i)/gys
    End If
Next i
Dim w As Long
For i＝0 To Int((s－1)/2)
    w＝g_xs(i)
    g_xs(i)＝g_xs(s－i)
    g_xs(s－i)＝w
Next i
For i＝s To 0 Step－1
    If g_xs()＜＞0 Then Exit For
Next i
    If i＜＝0 Then Exit Do
    g_cs＝I:f_cs＝n
    ReDim f_xs(n) As Long
    For i＝0 To n
        f_xs(i)＝a(i)
    Next i
    For i＝0 To n
        v(i)＝0
        d(i)＝f_xs(i)
    Next i
    line:
    If g_cs＞f_cs Then Exit Do
    csc＝f_cs－g_cs:v(csc)＝d(f_cs)/g_xs(g_cs)
    If v(csc)＜＞Int(v(csc)) Then Exit Do
    For i＝f_cs To csc Step－1
        d(i)＝d(i)－v(csc)＊g_xs(i－ csc)
    Next i
    For i＝f_cs To 0 Step－1
        If d(i)＜＞ 0 Then f_cs＝I:Go To line
    Next i
```

```
        If g_cs>=gcs Then Exit Do
        gcs=g_cs:h=1
        ReDim q_xs(n) As Long
        If g_xs( gcs)<0 Then
            For i=0 To gcs:e(i)=-g_xs(i):Next i
            For i=0 To n-gcs:q_xs(i)=-v(i):Next i
        Else
            For i=gcs To 0 Step-1:e(i)=g_xs(i):Next i
            For i=n- gcs To 0 Step-1:q_xs(i)=v(i):Next i
        End If
    Loop
    dd=dd+1
Loop

If h=0 Then
    p1=n
    For i=0 To pl:e(i)=a(i):Next i
    fs=fs+"("
    Call daybds
    fs=fs+bs
    fs=fs+")"
    GoTo line14
Else
    fs=fs+"("
    p1=gcs
    Call daybds
    fs=fs+bs
    fs=fs+")"
    n=n-gcs
    For i=0 To n:a(i)=q_xs(i):Next i
    GoTo line7
End If
line14:
If qqq=1 Then
    Text3. Text="-"+fs
```

```
    Else
        Text3. Text=fs
    End If
    Dim smodulname As String
    Dim ierrornum As Integer
    Dim serrorscription As String
    Erase yinshu
    Erase yszh
    Erase yscz
    Erase d
    Erase yssz
    Erase f
    Erase y
    Erase fenmu
    Erase x
    Erase k
    Erase b
    Erase g_xs
    Erase bbb
    Erase a
    Erase v
    Erase q_xs
    Erase e
    MousePointer=0
    errhandle：
    If Err. Description <>"" Then
        Call ErrorHandle(Err. Source,Err. Number,Err. Description)
        MousePointer=0
        Exit Sub
    End If
EndSub

Public Sub daybds( )
    bs=""
    line5：
```

```
If p1＝0 Then
    bs＝bs＋CStr(Abs(e(0)))
        Exit Sub
    End If
    If Abs(e(p1))＜＞1 Then
        bs＝bs＋CStr( Abs(e(p1)))
        If p1＝0 Then
            bs＝bs＋CStr( Abs(e(0)))
            Exit Sub
        End If
    End If
End If
If p1＝1 Then
        bs＝bs &."x"
    Else
        bs＝bs &."x^"& CStr(p1)
    End If
    Do
        p1＝p1－1
        If p1＜0 Then Exit Sub
        If e(p1)＞0 Then
            bs＝bs&."＋"
            GoTo line5
        End If
        If e(p1)＜0 Then
            bs＝bs&."－"
            GoTo line5
        End If
    Loop
End Sub


Public Subqgl()
    fs＝fs＋"x"
    For i＝0 To n－1
        a(i)＝a(i＋1)
    Next
```

```
        n＝n－1
End Sub


Private Sub Command_tuic_Click()
        Unload Me
End Sub


Public Sub qz( )
        y1＝0
        For j＝n To 0 Step－1
                y1＝y1 * c＋a(j)
        Next j
EndSub


Public Sub qg2( )
        ReDim v(n) As Double
        f1＝0
        For i＝1 To Abs(a(0))/2
                If a(0)/i＝Int(a(0)/i)Then
                        c＝i:Call qz
                        If y1＝0 Then Exit For
                        c＝－i
                        Call qz
                        If y1＝0 Then Exit For
                End If
            Next i
        If i＝Int(Abs(a(0))/2)＋1 Then
                c＝a(0):Call q
                If y1<>0 Then
                        c＝－c:Call qz
                        If y1 <>0 Then Exit Sub
                End If
        End If
        f1＝1:fs＝fs＋"(x"
        If c>0 Then
```

```
        fs＝fs＋"－"＋CStr(c)＋")"
    Else
            fs＝fs＋"＋"＋CStr( Abs(c))＋")"
    End If
    For j＝0 To n
        v(j)＝a(j)
    Next j
    n＝n－1:a(n)＝v(n＋1)
    For j＝n－1 To 0 Step－1
        a(j)＝a(j＋1) * c＋v(j＋1)
    Next j
EndSub


Public Sub zhk( )
    ReDim v(n) As Double
    v(0)＝1
    For i＝1 To s:v(i)＝0:Next i
    For i＝1 To s
        f(i)＝e(i)
        v(1)＝v(1)＋e(i)
    Next i
    For i＝2 To s
        y1＝v(i－1)
        For t＝1 To s－i＋1
            y1＝y1－f(t):f(t)＝e(t) * y(1)
            v(i)＝v(i)＋f(t)
        Next t
    Next i
End Sub


Public Sub zdys( )
    Dim tValueCheck As Boolean
    gys＝g_xs(0)
    For i＝1 To s
        tValueCheck＝CBool(g_xs(i))
```

```
                  If tValueCheck Then
                      q＝g_xs(i)
                      Do
                          r＝gys－Int(gys/q) * q
                          gys＝q：• q＝r
                      Loop While CBool(r)
                  End If
              Next
          End sub


      Public Sub daybds2( )
          bs＝""
          bs＝bs＋"－("
          For i＝0 To pl：a(i)＝－e(i)：Next i
          For i＝0 To pl：e(i)＝a(i)：Next i
          line6：
          If pl＝0 Then bs＝bs＋CStr( Abs(e(0)))：GoTo line8
          If Abs(e(pl))＜＞1 Then
              bs＝bs＋CStr(Abs(e(pl)))
              If pl＝0 Then bs＝bs＋CStr( Abs(e(0)))：GoTo line8
      End If
      If pl＝1 Then
              bs＝bs＋"x"
      Else
          bs＝bs＋"x^"＋CStr(pl)
      End If
      Do
          pl＝pl－1：If pl＜0 Then GoTo line8
          If e(pl)＞0 Then bs＝bs＋"＋"：GoTo line6
          If e(pl)＜0 Then bs＝bs＋"－"：GoTo line6
      Loop
      line8：
      bs＝bs＋")"
      qqq＝1
  End Sub
```

```
Public Sub zdys2( )
    Dim tValueCheck As Boolean
    gys＝bbb(0)
    For i＝1 To n
        tValueCheck＝CBool(bbb(i))
        If tValueCheck Then
            q＝bbb(i)
            Do
                r＝gys－Int(gys/q) * q
                gys＝q：• q＝r
            Loop While CBool(r)
        End If
    Next
End Sub


Public Sub fenjie( ByVal x As String, Optional ByRef result As String)
    Dim factor( ) As String, i As Integer, j As Integer, xs As _
    Long, bs As Integer, ii As Integer
    bs＝0
    x＝Replace(x, "－","＋－")
    factor＝Split(x, "＋")
    For i＝0 To UBound(factor)
        If factor (i)＜＞"" Then
            If IsNumeric(factor(i)) Then factor(i) _
            ＝factor(i) & "x^0"
            If Trim(Split(factor(i),"x")(1))＝"" Then factor(i)_
            ＝factor(i) & "^1"
            If Trim(Split(factor(i),"x")(0))＝"" Then factor (i)_
            ＝"1" & factor(i)
            If Trim(Split(factor(i),"x")(0))＝"－" Then factor(i)_
            ＝"－1" & factor(i)
            j＝Val(Split(factor(i),"x^")(1))
            xs＝Val( Split( factor (i),"x")(0))
            If bs＝0 Then
```

```
            n＝j
            ReDim a(j) As Long
            For ii＝0 To n
                a(ii)＝0
            Next
        End If
        a(j)＝xs
        bs＝1
    End If
Next
EndSub


Private Sub Command_qingk_ Click( Index As Integer)
    Text1. Text＝""
    Text2. Text＝""
    Text3. Text＝""
    Text1. SetFocus
End Sub


Public Function  ErrorHandle ( ByVal  smodulname  As  String， ByVal  ierrornum  As
Long，ByVal serrorscription As String)
    MsgBox"发生错误在(" & smodulname & ")处;"_
    & Chr(10) & Chr(10) & "错误号:" & ierrornum _
    & ";" & Chr(10) & Chr(10) & "错误描述:"_
    & serrorscription & ";", vbOKOnly, "警告"
End Function
```

参 考 文 献

[1] GREUB W. Linear Algebra[M]. 3rd ed. Berlin: Sprin ger – Verlag, 1969: 321 – 325.

[2] BASS H. Finitistic Dimension and a Homolonical Geneneraliation of Semiprimary Rings[J]. Trans Amer Math Soc, 1960, 95(4): 466 – 488.

[3] 李颖. 一元低次方程求解的一般方法[J]. 大庆师范学院学报, 2006, 30(2): 36 – 38.

[4] 吕俊著. 因式分解的方法与技巧[M]. 南宁: 广西教育出版社, 1988: 55 – 61.

[5] 克莱因. 古今数学思想[M]. 张理京, 张锦炎, 译. 上海: 上海科学技术出版社, 1982: 435 – 456.

[6] 张禾瑞, 郝炳新. 高等代数[M]. 北京: 高等教育出版社, 1983: 48 – 69.

[7] 北京大学数学力学系. 高等代数[M]. 北京: 高等教育出版社, 1989: 21 – 46.

[8] 蒋忠樟. 高等代数典型问题研究[M]. 北京: 高等教育出版社, 2006: 78 – 83.

[9] 吴文俊. 论数学机械化[M]. 济南: 山东教育出版社, 1996: 113 – 116.

[10] 屠伯埙. 线性代数方法导引[M]. 上海: 复旦大学出版社, 1986: 76 – 85.

[11] 蒋忠樟. 整系数多项式因式分解计算机方法的实现[J]. 金华教育学院学报, 1991, 6(3): 65 – 71.

[12] 钱芳华, 高等代数方法选讲[M]. 桂林: 广西师范大学出版社, 1990: 55 – 61.

[13] 钟玉泉. 复变函数论[M]. 北京: 高等教育出版社, 1988: 82 – 84.

[14] 波利亚. 数学与猜想: 第一卷[M]. 李心灿, 王日爽, 李志尧, 译. 北京: 科学出版社, 1984: 123 – 125.

[15] WU WENTSUN. A Report on Mechanical Geometry Theorem Proving[J]. Progress in Natural Science, 1992, 27(2): 32 – 36.

[16] WU WENTSUN. A Mechanization Method of Equations – Solving and Theorem Proving [J]. Adv. in Comp. Res, 1992, 32(3): 103 – 138.

[17] HALMOS P R. Finite Dimensional Vector Spaces[M]. 2nd ed. Princetion: D van Nostrand Company Inc, 1958: 63 – 71.

[18] JACOBSON N. Lectures in Absteact Algebra(Ⅱ)[M]. Princeton: D van Nostrand Company Inc, 1953: 91 – 96.

[19] CHEVALLEY C. Fundamental Conceprs of Algebra[M]. New York: Academic Press Inc, 1956: 136 – 142.

[20] 闫英, 曹蓉蓉. VB. NET 数据库入门经典[M]. 北京: 清华大学出版社, 2006: 89 – 106.

[21] ROCKFORD LHOTKA. VB. NET 业务对象专家指南[M]. 北京: 清华大学出版社, 2004: 221 – 235.

[22] MARK PEARCE. VB. NET 调试全攻略[M]. 北京: 清华大学出版社, 2004: 245 – 280.

[23] 石相杰. VB. NET 可伸缩性技术手册[M]. 北京: 清华大学出版社, 2003: 331 – 338.

[24]　JAN NARKIEWICZ, THIRU THANGARATHINAM. VB. NET 调试技术手册

[M].北京:清华大学出版社,2003:223－230.

[25] TOM FISCHER.VB.NET 设计模式高级编程:构建强适应性的应用程序[M].北京:清华大学出版社,2003:126－141.

[26] 周卫.VB.net 程序设计技术精讲[M].北京:机械工业出版社,2008:86－92.

[27] AMIT KALANI.ASP.NET 命名空间参考手册:VB.NET 编程篇[M].北京:清华大学出版社,2003:46－61.

[28] 袁勤勇.VB.NET 高级开发指南[M].北京:希望电子出版社,2002:67－87.

[29] 张龙卿.实例解析 VB.NET 应用编程[M].北京:希望电子出版社,2003:46－61.

[30] 温丹丽.Visual Basic.NET 程序设计[M].北京:清华大学出版社,2008:116－138.

[31] 徐福来.BASIC 语言程序设计初步[M].杭州:浙江教育出版社,1985:72－81.

[32] 许庆芳,翁婉真.程序设计与应用教程[M].北京:清华大学出版社,2007:113－138.

[33] 蒋忠樟.整系数多项式因式分解的一种新方法[J].数学的实践与认识,2005,35(01):219－221.